Die

Pflege der Eiche.

Ein Beitrag zur Bestandespflege.

Zum praktischen Gebrauche

für

Forstbeamte und Waldbesitzer

von

Ad. von Schütz,

Fürstlich Salm-Horstmar'schem Oberförster.

Mit 27 in den Text gedruckten Holzschnitten und 39 Zeichnungen auf 6 Figuren-Tafeln.

SPRINGER-VERLAG BERLIN HEIDELBERG GMBH 1870

Additional material to this book can be downloaded from http://extras.springer.com

ISBN 978-3-642-51296-4 ISBN 978-3-642-51415-9 (eBook)
DOI 10.1007/978-3-642-51415-9
Softcover reprint of the hardcover 1st edition 1870

Vorwort.

Die vorliegende Schrift der Oeffentlichkeit zu übergeben, lag bei Abfassung derselben nicht in meiner Absicht. Es entwickelte sich dieselbe vielmehr aus verschiedenen kleinen Abhandlungen und Berichten, welche ich in meiner früheren Stellung abzufassen veranlaßt wurde und in denen ich das wiedergab, was ich anderen Orts gesehen, auch wohl durch eigene Forschungen im Walde erfahren hatte. Weitere Anregungen veranlaßten mich, diese Bruchstücke zu einem Ganzen zu vereinigen; der Schritt, dieses zu veröffentlichen, wurde mir leichter, weil ich dadurch den Zweck erreicht glaubte, zu weiteren Forschungen in der hier bezeichneten Richtung anzuregen.

Bei der Wichtigkeit, welche die Cultur und Bestandespflege für den Forstmann erlangt hat, glaubt der Verfasser, trotz der Mängel, die dieser Schrift anhängen mögen, im Interesse der guten Sache zu handeln, wenn er durch Veröffentlichung derselben seinen Fachgenossen Gelegenheit bietet, das Unbrauchbare daraus auszuscheiden, auf dem Brauchbaren aber weiter fortzubauen.

Möge diese Schrift besonders die Forstschutzbeamten, welche täglich der Schritt in den Wald führt, zur fleißigen Bestandespflege anregen; möge dieselbe jungen Forstleuten einen Leitfaden bieten für den späteren schönen Beruf, und möge sie auch die Privatwaldbesitzer überzeugen, daß durch die Bestandespflege, also durch die Erhaltung der vorhandenen Bäume, oft mehr Gutes für den Wald geschehen kann, als durch neue, meist zweifelhafte Culturanlagen.

Mein Wunsch ist, daß diese Zeilen eine freundliche Aufnahme und nachsichtige Beurtheilung bei allen Pflegern und Freunden des Waldes finden.

Schloß Varlar bei Coesfeld (Westfalen)
im September 1869.

v. Schütz.

Inhalt.

Der Eiche, einem unserer edelsten und wegen der vielseitigen Brauchbarkeit gesuchtesten einheimischen Waldbäume, der aber leider mehr oder weniger verdrängt und vernachlässigt wird, ist seit der Zeit wieder mehr Aufmerksamkeit geschenkt worden, wo dem durch steigende Industrie gewachsenen Bedarfe ein Mangel an Eichen-Bau- und Nutzholz fühlbar geworden ist. Dieser Mangel beruht vorzugsweise in der Beschaffenheit der hiebsreifen Eichen, und er ist vielleicht weniger durch Verabsäumung reichlichen Anbaus, als dadurch hervorgerufen worden, daß man die zu Gebote stehenden Mittel der Stammpflege nicht angewendet hat.

Dem Anbau der Eiche sind zwar viele Ursachen, wie Bodenverhältnisse, klimatische Einflüsse, Unverträglichkeit mit andern Holzarten, dunkele Schlagstellung in Buchenverjüngungen, Verarmung des Waldbodens, besonders in exponirten Gebirgslagen, hemmemd in den Weg getreten, und es haben außerdem die Möglichkeit der Verwendung von imprägnirten Surrogathölzern, die bequemere Anzucht anderer Holzarten, und die demzufolge in den letzten Decennien erfolgten vielfachen Umwandlungen, verbunden mit dem hin und wieder wach gewordenen Streben nach gleichartigen Beständen, auf die Beschränkung des Culturfeldes gewiß eingewirkt. Wo dasselbe der Eiche noch erhalten werden kann, besonders da, wo es sich um deren Anbau unter örtlich ungünstigen Verhältnissen handelt, erscheint es nothwendig, alle zu Gebote stehenden Mittel zu ihrer Anzucht und Pflege aufzusuchen und zu benutzen, um ihr dadurch, bei ihrer vorzüglichen Nutzbarkeit, wieder den gebührenden Rang unter den einheimischen Waldbäumen einzuräumen.

Um diese Mittel, wie sie aus den Resultaten praktischer, vielseitiger Erfahrungen hervorgingen, anzudeuten, erscheint es zweckmäßig, zuvor einen, wenn auch nur kurzen Blick auf die Lebensweise der Eichen, besonders unter örtlich ungünstigen Verhältnissen, zu werfen.

I.

Betrachtungen über die Lebensweise der Eiche.

Betrachtet man das Auftreten der Eiche in den durch ungünstige Bodenverhältnisse und nachtheilige klimatische Einwirkungen beeinflußten Gebirgswaldungen, so kommt man zu der Ansicht, daß ein großer Theil der Eichen sein Dasein dem Zufall zu danken hat. In den bisher sehr dunkel gehaltenen Buchensamenschlägen drängt sich hin und wieder auf einer Lichtstelle eine Eiche mit durch und dankt es dem Glücke, wenn sie von der Buche geduldet wird und ohne Zuthun menschlicher Hülfe mit heraufwächst. Im Allgemeinen ist beobachtet worden, daß beide Holzarten auf geeignetem Standort, und unter sonst günstigen Verhältnissen, besonders in gleichaltrigem Gemisch, im Wuchse sich ziemlich gleich bleiben [1]).

An solchen Orten aber, wo Boden und Klima dem Wuchs und Gedeihen der Eiche hemmend entgegentreten, ist dies nicht der Fall, denn gerade in der Jugend hat die Eiche oft lange zu kämpfen, ehe die Pfahlwurzel, als Leiter des Höhenwuchses, eine etwa ungünstige Bodenlage durchdringt, während die Buche sich gerade in diesem Alter begnügt, mit flachstreichenden Seiten- und Herzwurzeln ihre Existenz zu fristen und ohne besondere Nachtheile für den Höhenwuchs im Stande ist, sich jenen anzupassen.

In den untern Berghängen und Thalsohlen, wo die Eiche mit der Buche oder anderen beiständigen Halzarten unter oft für alle günstigen Bodenverhältnissen auftritt, ist es neben sonstigen, durch die Bestandesmischung hervorgerufenen Mißverhältnissen hauptsächlich der Frost [2]), der so manche schöne Hoffnung

---

1) Obgleich man in der Regel der Buche, wegen ihrer sehr günstigen Einwirkung auf den Boden, auch ihres Schattenerträgnisses und anderer guten Eigenschaften halber, als Begleiterin der Eiche den ersten Rang einräumt, so muß doch unter mancher Oertlichkeit der Eiche gegen die Buche der Vorzug gegeben werden. Auch empfiehlt man neuerdings den horst- und gruppenweisen Anbau der Eiche als Präservativmittel gegen Drängen und Voreilen der Mischhölzer.

2) Die Eiche ist härter gegen Frostschäden als die weichliche Buche und speciell auf besseren Standortsverhältnissen. Dafür spricht eine örtliche Wahrnehmung auf fettem Kohlen-

des Forstwirths zu Nichte macht und gerade im ersten Lebensalter Existenz und Gedeihen der Eiche in Frage stellt. Gegenüber den Weichhölzern, den ungerufenen Gästen, und etwa der Esche[1]), Ahorn[2]), Weißbuche[3]), auch wohl der Ulme, wird die Eiche durch den Frost, den jene theils weniger zu fürchten haben, theils in Folge später eintretender Entwicklung im Frühjahre nicht empfinden, und ebenso durch deren Drängen und Voreilen gerade in dem Alter sehr zurückgehalten, wo die pflegende Hand des Forstmannes noch viel wirken und manche Gefahren abwenden und unschädlich machen kann.

Auch der Buche gegenüber, die oft schon im dunkelsten Vorbereitungsschlage, ja selbst auf zufälligen Bestandeslücken, noch viel früher sich ansamt, lange Jahre unter den hier günstigen Bodenverhältnissen vegetirt, um dann bei eintretender Lichtung des Oberbaumes nach kurzem Kampfe freudig weiter zu wachsen, kann die Eiche, selbst als stämmiger Heister vorwüchsig eingesprengt, ohne fernere menschliche Pflege nur schwer aufkommen.

In den umfangreichen Flächen derjenigen Gebirgsreviere, wo das Laubholz, und mit diesem die Eiche, durch das leichter anzubauende Nadelholz verdrängt wird, finden sich, neben etwa übergehaltenen Kernstämmen, eine mehr oder weniger große Anzahl von Eichenstockausschlägen, Nachkommen der früheren Eichengeneration, welche entweder bei den Läuterungshieben, oder bei späteren, zu Gunsten des Nadelholzes und zum Zwecke der Brennholzbefriedigung oder Rindennutzung vorgenommenen Durchforstungen unter der Axt ein Ende nehmen. Nicht immer aber sind Mittel angewendet worden, um auch diesen Ausschlag zu brauchbarem Baum- und Nutzholz[4]) heranzuziehen, was um so mehr nöthig wird, je mehr die Schwierigkeit hervortritt, ein sonst in mancher Hinsicht vortheilhaftes Gemisch zwischen Nadelholz und Eiche herzustellen und für die Dauer zu erhalten.

---

sandsteinboden in milder Lage, wo die Eiche den Spätfrösten widerstand und der Buche, die wiederholt erfror, einen Vorsprung abgewann. Dagegen liefert der weniger geeignete, besonders flachgründige Boden den Beweis, daß die Buche hier schneller den erfrornen Wipfel zu ersetzen vermag, als die Eiche, welche oft struppig wird und dann viele Jahre kämpft, ehe ein neuer Höhentrieb dominirt. Auch das sehr frühe Aufbrechen der Buche im Frühjahre läßt derselben manche Frostschäden fühlbar werden, denen die meist 14 Tage später grünende Eiche entgeht.

[1]) Obgleich die Esche empfindlich gegen Frostschäden ist, und besonders der Keimling solche zu fürchten hat, so entzieht sich doch dieselbe, einerseits in Folge ihres schnelleren Wuchses unter günstigen Bodenverhältnissen und andererseits durch ihre oft spät im Frühjahre erst eintretende Vegetation, leichter jenen Gefahren als die Eiche.

[2]) Der Ahorn widersteht, trotz seiner oft schon im Winter anschwellenden Knospen, leicht den Frösten.

[3]) Die Weißbuche ist erfahrungsmäßig eine der härtesten Holzarten gegen Frostschäden. Größtentheils tritt sie auch nur als Bodenschutzholz für die Eiche in Frage.

[4]) Siehe Seite 56 u. f.

Bei der Mischung mit der Lärche und Kiefer[1]), welche sich als Lichtpflanzen lange mit der Eiche vertragen, sie mit sich heraufnehmen und einen wohlthuenden Bodenschutz gewähren, wird, den rechtzeitigen Aushieb der Nadelhölzer vorausgesetzt, die Verabsäumung der dem Forstwirth zu Gebote stehenden weiteren Pflege der Eiche weniger fühlbar werden.

Anders ist es mit der Fichte, welche, als ihre Todfeindin, die Eiche, selbst wenn sie ihr erst in späterem Alter zugesellt wird, bald einholt, ihr das Seiten- und Oberlicht raubt und ihre vollständige Verdämmung bewirkt. Hier lehrt die Erfahrung, daß der Aushieb der Fichte nur hin und wieder in Frage kommt, größtentheils aber wegen Mangels an Absatzquellen für das meist werthlose Material unterbleibt, oder der bedeutenden Läuterungskosten wegen nicht in der Ausdehnung vorgenommen werden kann, wie es zur Conservirung der Eiche nöthig wäre. Damit versagen auch die bewährtesten Mittel und Wege zur Pflege der Eiche, um das zwischen beiden Hölzern bestehende Mißverhältniß zu Gunsten jener für die Dauer auszugleichen.

Wo jedoch die Eiche in solchem Gemisch, welches wohl mehr durch Zufall als durch Absicht herbeigeführt wird, als Stocklode meist üppig heranwächst, vermag sie der eingepflanzten Fichte, besonders in der ersten Jugend, eher voranzueilen und sich, richtig behandelt und gepflegt, bis ins Baumalter hin nicht nur zu erhalten, sondern auch vortheilhaft auszuwachsen und ein gut verwerthbares Nutzholz[2]) zu liefern.

---

[1]) Lärche und Kiefer kommen am häufigsten nur als vorübergehendes, vorständiges Schutzholz der Eiche in Frage; wo aber letztere als dauernde Gefährtin der Kiefer mit heranwächst, was für sie meist weniger günstige Standortsverhältnisse voraussetzen läßt, wird natürlich die Eiche einer besonderen Aufmerksamkeit und Pflege bedürfen.

[2]) Jetzt, wo die Nachfrage nach Eichen-Grubenholz einen fortschreitend größeren Umfang annimmt, kann in den meisten inländischen Forsten die Absatzfrage nicht vor der Anzucht, selbst geringerer Eichenhölzer, abschrecken.

In meinem Verwaltungsbezirk verwerthe ich in den 6 bis 8 Meilen von der Eisenbahn entfernten Reviertheilen schwächere Eichenhölzer beispielsweise nach folgender mit dem Holzhändler vereinbarten Taxe:

Stangen	von	2½"	Stärke,	je nach der	Länge,	2	bis	3	Sgr.
"	"	3 "	"	"	"	2½	"	3½	"
"	"	3½"	"	"	"	3½	"	5	"
"	"	4 "	"	"	"	5	"	7	"
"	"	4½"	"	"	"	7	"	11	"
"	"	5 "	"	"	"	10	"	15	"
"	"	5½"	"	"	"	13	"	19	"
"	"	6 "	"	"	"	17	"	25	"
"	"	6½"	"	"	"	22½	"	35	"
"	"	7 "	"	"	"	32½	"	45	"

Die Stangen werden auf Brusthöhe mit der Kluppe gemessen und nach ihrer Länge (12, 20, 25 und 30 Fuß) klassenweise angesprochen. Das Hauerlohn trägt der Käufer.

In den näher der Eisenbahn belegenen Reviertheilen erleidet obige Taxe 15 bis 25%

Die Weißtanne ist in obiger Hinsicht der Fichte ziemlich gleich zu stellen, obgleich sie in der Jugend der Eiche die Herrschaft länger gönnt[1]). Später eilt sie ihr um so schneller nach und versagt ihr oft jedes Mitgehen.

Die natürlich oder künstlich entstandenen reinen Eichenbestände zeigen sich, wenn nicht die Bodenverhältnisse besonders günstig sind, in der Regel in einem nichts weniger als hoffnungsvollen Zustande; Rissige, mit Moos oder Flechten überzogene Rinde, verzweigte Schaft- und Kronenbildung der etwa dominirenden Stämme, und im Allgemeinen ein mangelhaft vorschreitender Höhenwuchs sind die gewöhnlichen Kennzeichen solcher Orte schon im jugendlichen Alter. Soweit es sich nun hier darum handelt, das Vorhandene möglichst vortheilhaft zu benutzen, und nicht etwa durch Umwandlung, Lichtung und Beimischung bodendeckender und treibender Holzarten einer unsichern Zukunft anheim zu geben, tritt hier ebenfalls die Nothwendigkeit ein, künstliche Mittel zur Beseitigung der der Eiche von der Natur entgegengestellten Hindernisse in Anwendun zu bringen.

Nach diesen vorgängigen kurzen Bemerkungen über das Verhalten der Eiche zu ihrer Umgebung sei es gestattet, einige Bemerkungen über die Entwicklung und Lebensweise der Eiche selbst, namentlich in Absicht auf ihre specifische Wurzelbildung und deren vegetative Thätigkeit zu erörtern: Verfolgt man die Entwickelung der Eiche vom Keimling an, so wird man bei sorgfältiger Beobachtung des vor sich gehenden Keimprozesses finden, daß besonders vollkommen ausgebildete und reife Eicheln stets die vollkommensten und kräftigsten Pflanzen, sowohl in Bezug auf Ober- wie auf Unterstock erzeugen[2]), und daß

Aufschlag. Der Holzhändler richtet im Walde das Holz nach den verschiedenen Gebrauchszwecken zu.

Die gebräuchlichsten Sortimente sind etwa folgende:

Schalhölzer,	6	bis	10′	lang,	5	bis	6″ stark
Stempel	$1\frac{1}{4}$	„	7′	„	3	„	6″ „
Anpfähle	$1\frac{1}{2}$	„	2′	„	2	„	4″ „
Spitzen	3	„	4′	„	2	„	$2\frac{1}{2}$″ „
Schwellen	2	„	$6\frac{1}{2}$′	„	3	„	5″ „

Sonst kommen noch vor bei den verschiedensten Längen: Thürstöcke von 7 bis 8″; glatte und rauhe Pfähle von $1\frac{1}{2}$ bis 3″; Bremspressen von 4 bis 6″ Stärke, und andere beschlagene und runde stärkere Hölzer, sowie Bretter und Bohlen.

[1]) Eichen-Einzelpflanzen und Horste zwischen dominirenden Fichten und Tannen liefern ein sehr verschiedenes Resultat, insofern die Fichte weit weniger Garantie für die längere Erhaltung einer Mischung giebt, weil man selten auf eine durchdringende Läuterung rechnen kann, und auch in enger Stellung die Eiche nicht ihre normale Ausbildung erlangt.

[2]) Obgleich man nicht selten die Behauptung aufstellen hört, daß jede Eichel, ob klein, ob groß, eine Pflanze liefert, so steht doch die Thatsache fest, daß aus großkörnigem Samen stets die vollkommensten Pflanzen hervorgehen.

ferner die Lage oder Richtung des Samens im Keim- oder Brutbett einen gewissen Einfluß auf die Ausbildung des Pflänzchens hat.

Fig. 1.

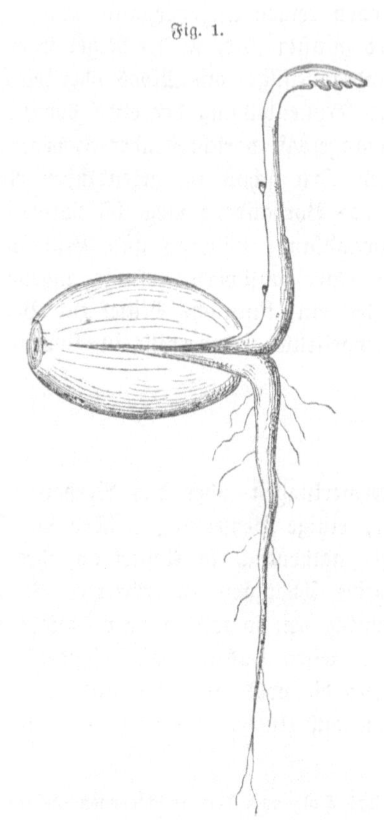

Die naturgemäßeste Lage des Samens im Brutbett ist die wagerechte (Fig. 1). An der Spitze der Eichel bricht gleichzeitig der Keim für Unter- und Oberstock hervor; ersterer nimmt seine Richtung sofort senkrecht nach unten, letzterer senkrecht nach oben, und beide bilden sich normal aus. Ist aber im Keimbett die Spitze der Eichel nach oben gerichtet, so entwickelt sich zwar ein normaler und kräftiger Oberstock, der Unterstock aber bildet mehr eine kurze, verzweigte, ja oft flach ausstreichende Wurzel. Dies ist der Lebensweise der Eiche zuwider; und die Ansicht erscheint wohl berechtigt, daß diese erste naturwidrige Formung der Wurzel auf das Gedeihen der Pflanze einwirkt[1]). Im dritten Fall, wo die Keimspitze des Samens nach unten gerichtet ist, erscheint der Oberstock oft erst nach langem Kampfe über der Erde in fadenförmiger Form und mit gering ausgebildeten Kotyledonen. Ist diese mangelhafte Entwickelung der Pflanze auch nur eine zeitweise, so ist sie dennoch oft mit nachtheiligen Einflüssen für das Stämmchen verbunden, da in der Regel der Johannistrieb nicht vollständig sich entwickelt und dann den ersten Herbstfrösten, wenigstens mit seinen Endtrieben, unterliegt. Dadurch wird der erste Grund für den zukünftigen Struppenwuchs schon jetzt gelegt. Oft gelangt auch der Keimling gar nicht zur Entwicklung eines zweiten Triebes im ersten Jahre, und dies ist noch der günstigere Fall, denn dann wirkt wenigstens der Frost in der Regel nicht schädlich, weil der erste Trieb bis dahin genügend verholzt sein kann. Es ver-

[1]) In Saatkämpen oder Eichen Platz- und Rillensaaten kann man sich, besonders in trocknen Sommern, genügend davon überzeugen, daß derartige Keimlinge oft kümmern, ja sogar, wo die Sonne die flachentwickelte Wurzel beeinflußt, gänzlich absterben.

bleibt aber alsdann meist der Nachtheil, daß ein schwächliches, zum Versetzen ꝛc. nicht gut geeignetes Pflänzchen erzogen wurde.

Stellt man nun diese Beobachtungen zusammen, so ergiebt sich als erste Bedingung für eine gedeihliche Eichenzucht die, daß, was sich in Saatkämpen ohne große Kosten und Zeitaufwand in den meisten Verhältnissen ausführen läßt, besonders großkörniger und reifer Same gewählt, so wie auch der Lage desselben im Brutbett die nöthige Aufmerksamkeit geschenkt wird.[1])

Verfolgt man die junge Eiche in ihren weiteren Entwicklungsstufen, so zeigt sich fast überall bis zum 15., ja selbst 20. Lebensjahre unter minder günstigen Standortsverhältnissen ein nur kümmerlich voranschreitender Höhenwuchs, welcher entweder eine Folge mangelhafter Wurzelausbildung, oder der wiederholt auf die Wipfeltriebe einwirkenden Fröste, aber allein noch kein Zeichen ist, daß hier die Eichenkultur überhaupt ausgeschlossen werden muß.

Um sich von den übereinstimmenden Wachsthumsvorgängen zwischen Unter- und Oberstock zu überzeugen, durchgehe man eine Eichensaat auf gleich ungünstigen Bodenverhältnissen und man wird stellenweise, oft wenige Fuß von einander entfernt, bei näherer Untersuchung Pflanzen finden, wovon die eine merkliche Höhentriebe entwickelte, während die andere kaum dem Boden entwachsen ist. Wenn andere Umstände diesem nicht entgegenwirken, wird sich bei ersterer das Vorhandensein, bei letzterer das Fehlen, oder doch die mangelhafte Ausbildung der Pfahlwurzel constatiren lassen.

Aus diesen und noch andern Beobachtungen scheint hervorzugehen, daß bei der Eiche mit dem tiefern Eindringen der Pfahlwurzel in die Bodenunterlage auch die Entwicklung eines merklichen Höhentriebes zusammenfällt, oder daß, was sich übrigens auch mehr oder weniger bei den andern Holzarten findet, der Oberstock mit dem Unterstock so lange in genauen, gleichen Wachsthumsverhältnissen steht, als nicht künstliche Mittel: Anzucht in Kämpen, Unterbau treibender Hölzer, Schneideln, Aufästen, oder natürliche Einwirkungen: Aufwachsen im engen Schuß, flacher Wasserspiegel[2]), den Höhenwuchs begünstigen, oder auch klimatische Einwirkungen: Frost ꝛc., den letzteren hemmen.

Der Frost wirkt theils im Frühjahre, wenn schon der erste Trieb in der

---

[1]) Obgleich schon die Natur zeigt, wie die vom Baume fallende Eichel im Brutbett liegen muß, so wird dieser Fingerzeig doch oft nicht einmal bei Kampsaaten berücksichtigt, wo auf der schlecht geebneten Saatfläche der Same meist in die kleinern oder größern Vertiefungen fällt und so eine ungünstige Lage im Brutbett erhält, ja man findet sogar noch in Büchern das Einstecken der Eichel mit der Spitze nach unten empfohlen. (Siehe: Aus dem Walde von H. Burckhardt, 1. Heft, Seite 83, Zeile 5 von unten. Hannover bei Carl Rümpler 1865.)

[2]) Die Pfahlwurzel, der Feuchtigkeitsheber für die mehr an Bodenfrische als an Bodengüte gefesselte Eiche, sucht ihre Nahrung theils flacher, theils tiefer, je nach Bodenverhältnissen auf, und kann dennoch unter solchen Umständen eine nur kurze Pfahlwurzel, ja auch eine stellvertretende Seitenwurzel, vollständig ihrem Zwecke entsprechen. Daher die oft wüchsigen Eichen an den Bruchrändern.

Entwickelung begriffen ist, mehr aber noch im Herbste, ehe eine vollständige Verholzung der letzten Triebe stattfand. Im letzteren Falle erfrieren die äußersten Spitzen der Höhentriebe ganz, die weiter unten sitzenden, etwas reiferen Knospen und Triebe nur theilweise, während die Frühjahrsschosse vom Froste unbeeinflußt bleiben, und es entsteht in Folge dessen eine kugelige, verkrüppelte oder unnatürlich verzweigte Kronenbildung, und oft ein jahrelanger Kampf, ehe ein neuer Höhentrieb dominirt.

Nach den gemachten Beobachtungen entwächst aber die Eiche mit einem gewissen Alter, oder bei einer bestimmten erreichten Höhe, den Frostgefahren zum größten Theil, weßhalb das Auge des Waldpflegers besonders darauf gerichtet sein muß, jene so schnell als möglich durch künstliche Mittel in dieses Höhenstadium zu versetzen. —

In weiterer Beziehung auf die specifische Wurzelbildung und ihre vegetative Thätigkeit sollen nun noch die im Wesentlichen bekannten Erscheinungen bei künstlicher Störung der letzteren insoweit hier kurz zusammengefaßt und bildlich dargestellt werden, als bei den ferneren Erörterungen über die Pflege der Eiche zu den verschiedenen wirthschaftlichen Zwecken hieran angeknüpft werden muß.

Zunächst sind die Erscheinungen in ihren Hauptumrissen zu constatiren, welche sich nach dem Abtriebe der Eiche, je nach ihrem verschiedenen Alter, mehr oder weniger dicht über oder in der Erde zeigen.

Sobald die Eiche vom Stocke getrennt, oder wie der Forstmann sich ausdrückt, auf den Stock oder die Wurzel gesetzt wird, erzeugen die in Lebensthätigkeit bleibenden Theile des Stockes oder der Wurzeln aus schlafenden Augen eine oder mehrere Loden, welche den verlorenen Schaft zu ersetzen streben.

Diese Regenerationskraft, Ausschlagthätigkeit der Eiche, wie wir sie mehr oder weniger bei allen Laubhölzern antreffen, ist nach Boden und Wuchs eine sehr verschiedene. Sie ist stets schon vorhanden bei der einjährigen Pflanze und soll (nach Pfeil) um so länger anhalten, je langsamer ihr Wuchs ist; an dürren Berghängen oft bis zu 100 Jahren und darüber mit Sicherheit; im Fluß- und Meeresboden oft nur bis zu 40 und 50 Jahren. Diejenigen Stämme, welche an der Erde noch Knospen und Wasserloden haben, sind noch ausschlagsfähig und können daher noch mit Erfolg auf die Wurzel gesetzt werden.

Wir haben nun zunächst diese Ausschläge nach zwei verschiedenen Seiten hin näher zu betrachten und zwar einerseits nach ihrem Ursprunge und andererseits nach ihrem äußeren Auftreten.

In ersterer Beziehung begegnen wir denselben in den zwei großen, sich in ihrem späteren Verhalten streng scheidenden Gattungen der Stock- und Wurzelloden, oder auch der oberständigen und unterständigen Stockausschläge.

Die Wissenschaft giebt, meines Wissens nach, keine Aufklärung über streng anatomische Unterschiede dieser Organe, welche wohl unbestritten sind, und mit den der Praxis geläufigen Begriffen und Wahrnehmungen zusammentreffen. In der Praxis hält man sich meist und unbedenklich an ein, besonders bei jüngeren Pflanzen deutlich hervortretendes Kennzeichen, an die sich am Uebergangspunkt zwischen auf- und absteigendem Stock bildende knotenartige Anschwellung, der man gemeinhin den Namen Wurzelknoten beilegt. Bei älteren Pflanzen verschwindet allerdings der Wurzelknoten mehr oder weniger, sobald die an demselben entstehenden Adventivwurzeln sich zu kräftigen Organen — Seitenwurzeln — entwickeln und ihn mit in ihr Bereich ziehen, so daß es also hier immerhin schwierig wird, Stock- und Wurzelloden genau zu begrenzen.

Die Stockausschläge. Zu diesen rechne ich alle diejenigen Loden, welche oberhalb des Wurzelknotens, derjenigen Stelle, wo der Stamm in die Wurzelverzweigung übergeht, entspringen. Dieselben sind hiernach also stets Organe des zu Tage, oder in der obern Bodendecke (Moos, Laub) stehenden Theiles des Stockes und nehmen ihre, aus dem alten Wurzelsystem oder den etwa secundär gebildeten Adventivwurzeln zugeführten Nahrungstheile indirect durch Vermittelung des Mutterstockes auf.

Vor allem wichtig für die spätere Entwickelung dieser Ausschläge ist einerseits die Art und Weise der Ueberwallung derselben, und andererseits die nach dem Abhiebe entstehende Fäulniß im Mutterstock.

Jene, die Ueberwallung, beginnt, da sie nicht ein Akt des Reproduktionsvermögens (innere Vergrößerung, Zuwachs), sondern der Regenerationsfähigkeit (Vergrößerung nach außen durch Knospen) ist, an der Basis der Ausschläge und schreitet, zwischen Splint und Rinde des Mutterstockes hervorbrechend, ringförmig über dessen Abhiebsfläche vor, indem sich letztere mit einer neuen Rindenlage überdeckt, sobald nicht äußere, athmosphärische Einflüsse durch Hervorrufung der Rothfäule im Mutterstock diesem Prozeß Schranken setzen. Nur ganz junge, nicht voluminöse Stöcke mit gut organisirtem Wurzelsystem sind in den meisten Fällen im Stande, eine vollkommene und schützende Ueberwallung um so schneller herbeizuführen, je näher der Wiederausschlag am Abhiebe erfolgt, da dann die Einwirkung von Luft und Feuchtigkeit auf die bloßgelegten Holztheile durch die neue Rindendecke schnell abgeschlossen, und so die Entwickelung der Rothfäule verhindert wird. Aeltere Stöcke hingegen vermögen eine solche vollkommene Ueberwallung nie herbeizuführen, vielmehr wird dieselbe in Folge der hier früher oder später sich entwickelnden Fäulniß entweder zu einer scheinbaren oder unvollkommenen. Ersteres, wenn der Ueberwallungsring sich schließt, und dabei die sich fort entwickelnde Rothfäule dem Auge verbirgt, letzteres, wenn der Ueberwallungsring sich nicht schließt und jene zu Tage treten läßt.

Die Rothfäule im Stock entwickelt sich stets um so stärker, je unvollkommener sich letzterer an seinen oberirdischen Theilen regenerirt, und je mehr das Regen- und Schneewasser, und überhaupt die atmosphärischen Niederschläge auf der Hiebwunde haften können, tritt um so geringer und später ein, je weniger die eben angeführten Einflüsse vorhanden sind und wird ganz vermieden, wenn, besonders bei geringen Wunden, die Ueberwallung schnell und vollkommen eintritt.

Fig. 3.

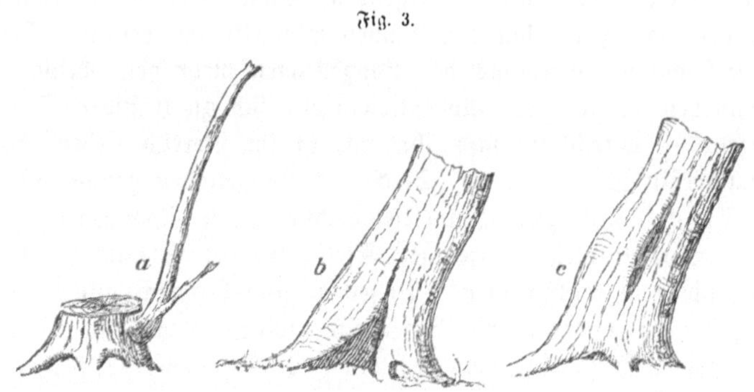

Nehmen nun diese Stockloden, wie in Fig. 2 a, ihren Ursprung unmittelbar unter dem Abhiebe des Mutterstockes, so folgen sie in ihrer Entwickelung der an der Basis alsbald sich bildenden Ueberwallungswulst und überwachsen nach und nach den Stock je nach seinen stärkeren oder schwächeren Dimensionen nur theilweise oder ganz, ohne sich jedoch mit den bloßgelegten, absterbenden Splinttheilen desselben, welche später in Fäulniß übergehen, zu assimiliren.

Im höheren Baumalter trifft man solche Stockloden, wenn sie nicht schon früher durch Sturmwinde, oder unter dem Druck von Schnee und Duftanhang ein Ende gefunden haben, als ausgefaulte, werthlose Gerippe, etwa wie in Fig. 2 b u. c dargestellt, wieder, so daß nur noch eine schwache Splintschicht unmittelbar unter der Rinde in Lebensthätigkeit ist, die den Saftumlauf und überhaupt die Existenz des kümmernden Baumes oft noch lange Zeit vermittelt.

Fig. 3.

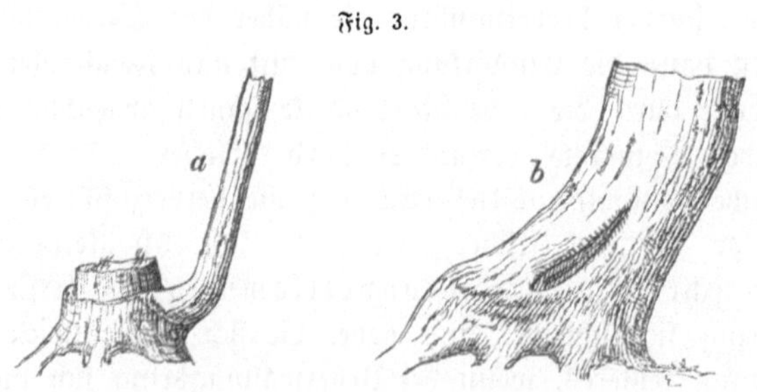

Entwickelt sich jedoch die Stocklode etwas tiefer, so daß oberhalb ihrer Anheftungsstelle noch ein Theil des Mutterstockes (Fig. 3 a), der mit den dafür gebräuchlichen Namen „Stift“ bezeichnet werden mag, stehen bleibt, so verhindert dieser Stift die vollständige Ueberwallung und das Verwachsen des Stockes mit seiner schnell sich entwickelnden Lode. Er trocknet bald ein, verliert seine Rinde und geht endlich in Fäulniß über, so daß sich die Ueberwallung langsam an den noch gesunden Splinttheilen des alten Stockes bildet, welche in Folge des Saftdurchganges noch länger in Lebensthätigkeit bleiben. Damit entsteht die kraterähnliche Oeffnung in der Mitte des Stockes, die Regen- und Schneewasser auffängt und somit den Fortschritt der Rothfäule sehr begünstigt. Bei derartig entwickelten Stockausschlägen markirt sich meist noch bis in's höchste Baumalter der Mutterstock durch eine wulst- oder stuhlähnliche Anschwellung, etwa wie Figur 3b. Solche sogenannten Waldstühle, die man noch viel häufiger bei der Buche antrifft, sind dem Forstmann überall bekannt; sie bieten mit ihrem weichen Moospolster oft den müden Gliedern einen willkommenen Ruheplatz.

In den Fällen, wo mehrere Stockloden an ein- und demselben Mutterstock sich bis in's Baumalter hin entwickelt und erhalten haben, vermögen nicht zu kraftlose Mutterstöcke eine, wenn auch nur scheinbare Ueberwallung herbeizuführen, indem der die einzelnen Loden verbindende Ueberwallungsring sich über dem ausfaulenden Mutterstocke schließt; Moos und Flechten überziehen dann bald die schwache Rindendecke, die einem leichten Stoße nachgiebt und dann dem Auge die oft schon bis in dern Kern der Ausschläge vorgedrungene Rothfäule aufdeckt. (Fig. 4.)

Fig. 4.

Die Wurzelausschläge[1]), vielleicht besser unterständige Stockausschläge oder auch Wurzelknotenausschläge genannt. Hierher haben wir alle solche tief hervorbrechenden Loden zu rechnen, welche bei jungen Eichen unmittelbar am Wurzelknoten entspringen, oder bei ältern Individuen, wo jener bereits in das Bereich der flachliegenden Seitenwurzeln überging, zwischen, oder auf den Wurzelanläufen entkeimen, besitzen alle das Vermögen, sich mehr oder weniger vom alten Stock unabhängig zu machen, indem sie theils früher, theils später, Adventivwurzeln entwickeln, zugleich aber auch durch die Ueberwallung mit etwa correspondirenden Mutter-Wurzeln nach innen hin sich vom alten Stocke

---

[1]) Hin und wieder treiben auch die Seitenwurzeln älterer Eichen, wenn sie blosgelegt oder verletzt werden, neue Ausschläge; diese Entwickelung von wahren Wurzelloden kann aber, als Abnormität, hier nicht besonders in Frage gezogen werden.

abschnüren, sich also vor dessen Fäulniß schützen. Diesen Vorgang kann man mit dem Namen der **Isolirung** bezeichnen. Es geht hier der von den Wurzeln aufgesogene, rohe Nahrungsstoff direkt in die Loden über, wird hier umgebildet und vermittelt bei seinem Rückgange nach den Wurzeln die Zellenbildung, welche besonders lebhaft am Internodium, dem Verbindungspunkte mit dem Rhizom, vor sich geht. Hierdurch wird der Prozeß der Ueberwallung, des Abschnürens und der Bildung von Adventivwurzeln, mit einem Wort die Isolirung der Lode herbeigeführt.

Die Art und Weise dieser Isolirung, ob nämlich sämmtliche Ausschläge des Mutterstockes als zusammenhängendes, durch den gemeinschaftlichen Ueberwallungsring verbundenes Ganze im späteren Alter correspondiren, oder ob sie einzeln sich absondern, hängt von der Individualität des Stockes ab, wie solche durch Alter und Hiebsführung bedingt wird, und soll versucht werden, hier kurz die auffallendsten Wachsthumsvorgänge vorzuführen.

In dem Falle, wo oberhalb der Anhaftungsstellen der Loden der zuvor schon erwähnte Stift stehen bleibt, (Fig. 5a) wo also der Stock hoch gehauen wurde,

Fig. 5.

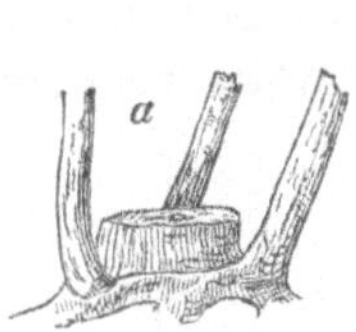

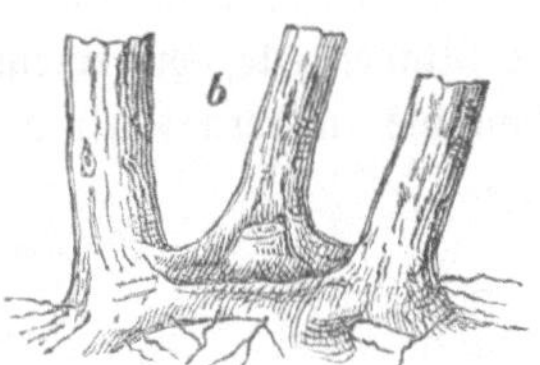

suchen jene Loden gern in innigere Beziehungen zum Wurzelknoten zu treten und verwachsen und verbinden sich so lange mit demselben, als das vom oberirdischen Stocke herabsteigende Eintrocknen und Einfaulen der Holztheile dies gestattet; dann setzen die Loden ihre Zellenbildung nach innen fort, indem sie zugleich die in Verwesung übergehenden Splinttheile des alten Stockes abstoßen und durch die Ueberwallung sich von demselben vollständig absondern, sich also vor dessen Fäule schützen. Auf diese Weise entsteht eine ringförmige Ueberwallung (Fig. 5b), die sämmtliche Loden miteinander verbindet, deren gegenseitiges Correspondiren vermittelt und deren Narbenränder sich endlich kesselförmig nach unten schließen. Der alte Mutterstock steht dann haltlos, als ausgefaultes Skelett in der Mitte dieses, nach anhaltendem Regen oft mit Wasser angefüllten Kessels, bis er im Laufe der Zeit vollständig der Fäulniß unterliegt. Seine Ueberreste, wozu sich noch verwestes Moos und Laub etc. gesellen, bleiben auf dem Boden dieses durch die Ueberwallungswände gebildeten Kessels zurück und liefern damit, beiläufig bemerkt, eine vorzügliche Blumentopferde.

Man kann diesen Vorgang des Abschnürens der Loden vom ausfaulenden Stock in seinen verschiedenen Entwickelungsstadien überall in der Natur verfolgen und bestätigt finden; nirgends zeigt sich dabei ein Uebergang der Stockfäule in die Loden, da der Prozeß der Ueberwallung und des Abschnürens mit dem der Fäulniß gleichen Schritt hält. Jedoch bringen derartige Loden den Nachtheil mit sich, daß sie erst im späteren Alter, wenn der bisher sichtbare, durch den Ueberwallungsring hergestellte Zusammenhang in Folge von Humusansammlung dem Auge verschwindet, zur Bildung von Adventivwurzeln übergehen, wovon eine natürliche Folge die ist, daß der Wuchs nie ein so ausdauernd schäftiger, als bei den aus tiefgehauenen Stöcken hervorgegangenen Ausschlägen ist.

Bei ganz jungen Mutterstöcken bleibt in der Regel diese kesselförmige Ueberwallung nicht lange sichtbar, da deren Ränder sich bald nach innen schließen; auch hier treten die Loden mit ihrer gemeinschaftlichen Basis mehr oder weniger zu Tage.

Unter den zuvor geschilderten Wachsthumsvorgängen kann bei tief hervorbrechenden Loden an hochgehauenen Stöcken die Isolirung der erstern natürlich nicht eintreten, wenn die vor allen dazu nöthigen Bedingungen des gänzlichen Vernichtens des Mutterstockes durch die Fäule fehlen, der oberirdische Theil des alten Stockes vielmehr durch die daran gleichzeitig auftretenden Stockloden in Lebensthätigkeit erhalten wird. In diesem Falle sind aber selbst die mehr wurzelständigen und ganz tief entspringenden Ausschläge so lange nicht im Stande, den verloren gegangenen Stamm in möglichst perpendiculärer Richtung zu ersetzen, als der oberirdische Stock mit seinem, alle Kraft absorbirenden Ausschlag nicht vollständig vernichtet worden ist und dadurch die wurzelständigen Loden diejenige vollständig unabhängige Stellung gewinnen, welche durch die zuvor geschilderte Isolirung herbeigeführt wird. (Fig. 6.)

Fig. 6.

Am günstigsten gestaltet sich Wuchs und Dauer bei den an tief, dem Wurzelknoten gleich gehauenen Stöcken hervorbrechenden Ausschlägen (Fig. 7a). Hier treten die Loden, wenigstens die kräftigeren, gleichsam als Verlängerung der correspondirenden Wurzeln auf, mit denen sie verwachsen. Sie dehnen sich also mehr extensiv aus, sondern sich bei der bald eintretenden Fäulniß im Mutterstocke nach innen hin von letzterem ab und werden dadurch zur Ergänzung des Wurzelsystems durch Bildung von Adventivwurzeln gezwungen. Auf diese Weise bildet sich in der Mitte des Lodenkreises (Fig. 7b) theils aus den Ueberresten des alten Mutterstockes, theils aus andern Vegetabilien, eine oft starke Dammerdschicht, die die Loden zur Bildung von Adventivwurzeln nach innen anregt, so daß man im höheren Alter, bei genauerer Untersuchung hier ein förmliches Netz von Thauwurzeln vorfindet. So entstehen im späten Alter meist ganz selbstständige Pflanzenindividuen aus den dominirenden und durch besondere

Fig. 7.

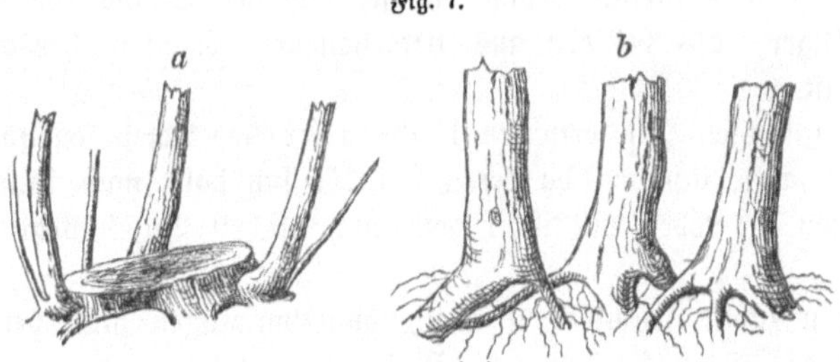

Wachsthumsumstände begünstigten Loden. Bei jüngeren Mutterstöcken ist aber eine so vollständige Isolirung nicht möglich, da die etwa flachstreichenden Seitenwurzeln noch keine solche Vollkommenheit erreicht haben, um die correspondirenden Loden für sich in Anspruch zu nehmen. Letztere sind daher gezwungen, ihre Beziehungen zum gemeinschaftlichen Wurzelknoten beizubehalten, indem sie denselben in so kurzer Zeit überwallen, daß die Fäulniß keinen Eingang finden konnte. Die Loden erscheinen auf diese Weise perpendiculär über der alten Hiebfläche, ohne jedoch äußerlich ihren gegenseitigen Zusammenhang erkennen zu lassen. Selbst wenn solche, durch wurzelständige Loden überwachsene jüngere Stöcke schon vor der Ueberwallung abstarben, sich also mit der neuen Holzlage nicht verbinden, lassen sich dadurch keine Nachtheile für die Gesundheit der Loden erkennen, wohl aber scheint deren Schäftigkeit darunter zu leiden, worauf ich später zurückkomme. Man findet in diesem Fall unter dem maserähnlichen neuen Holzgebilde, welches schnell zu einer beträchtlichen Stärke anschwillt, die abgestorbenen alten Stocktheile ganz isolirt im gesunden Holz vor, ohne aber die geringste Spur von Fäulniß zu bemerken.

Die so eben geschilderten Vorgänge des Isolirens der wurzelständigen Loden bringen demnach ihre unverkennbaren Vortheile für den Niederwaldbetrieb, wo es sich darum handelt, eine kräftige und möglichst gesunde Bestockung zu erziehen, zugleich aber auch die Mutterstöcke zu verjüngen und zu vermehren, damit der Hieb bei dem wiederkehrenden Abtriebe zweckentsprechend daran geführt werden kann. Sie sind aber auch bei Heranbildung der Ausschläge zu Baumholz von Bedeutung, indem dadurch die sicherste Garantie für der letzteren Lebensdauer geboten wird.

Sobald, sei es durch natürliche, sei es durch künstliche Vermittlung, die Ersetzung des verloren gegangenen Schaftes nur einer Lode am Stocke zufällt, nachdem alle übrigen verschwunden oder beseitigt sind, wird jene übergehaltene Lode sich schnell ihrer künftigen Bedeutung als selbstständige Hauptaxe bewußt, indem sie zu einem schäftigeren perpendiculären Wuchs übergeht, sich die gesammte Bewurzelung des Mutterstockes zu eigen macht, und vortheilhaft zu ihren Ernährungsorganen zu verwerthen weiß.

Es bleibt nun noch die Betrachtung der Ausschläge an Eichen hinsichtlich ihrer Lebensweise oder äußeren Entwickelungsart übrig, wobei ein Feld betreten wird, welches dem praktischen Forstmann noch zu manchen Untersuchungen und Betrachtungen Raum giebt. In dieser Beziehung finden sich oft auf ganz gleichen Boden- und Standortsverhältnissen, ja selbst an ein- und demselben Mutterstocke vollständige Gegensätze: hier baumähnlich aufsteigende, da strauchartig zur Seite wachsende, oder auch ranken- und struppenwuchsähnlich sich über den Boden hinziehende Ausschläge, und die erste Frage ist die, welche Umstände auf das so verschiedene, äußere Auftreten jener Ausschläge unter anscheinend ganz gleichbleibenden Wachsthumsverhältnissen einwirken. Die Ansichten hierüber sind sehr getheilt; einerseits will man den Bodenverhältnissen allein den Einfluß darauf zuschreiben, indem der baumähnliche Wuchs der Loden dem kräftigen und tiefgründigen, der sperrige Wuchs derselben aber dem ärmern, der Eiche weniger zusagenden Boden entspreche. Andererseits behauptet man wieder, daß der dicht am Abhieb des Stockes entstehende Ausschlag den genommenen Schaft und der etwas tiefer hervorbrechende die Astbildung vertrete, daher dort baumähnlicher, hier strauchähnlicher Wuchs zu suchen sei, und daß ferner durch die mehr wurzelständigen Loden neue Stammbildung erstrebt werde, also wieder die mehr verticale Richtung der Ausschläge eine natürliche Folge sei.

Diese verschiedenen Hypothesen sind aber nicht für alle Verhältnisse als zutreffend zu bezeichnen, wenigstens haben andere genaue Untersuchungen und sorgfältige Beobachtungen zu der Ueberzeugung geführt, daß der Schlüssel zu diesen Abweichungen bei der Lodenbildung in tiefer liegenden Einflüssen zu suchen ist. Ganz läßt es sich allerdings nicht in Abrede stellen, daß auch äußere natürliche Einwirkungen, wie der Schluß, den die Umgebung veranlaßt, der Feuchtigkeitsgrad des Bodens, der meist eine sehr lebhafte Bestockung zur Folge hat, und ähnliche Umstände mehr darauf influiren. Ebenso können künstliche Eingriffe dabei mitgewirkt haben, wie die Kultur und Düngung durch Aufhäckeln und Brennen des verlegenen und verarmten Bodens im Wurzelbereich der Mutterstöcke, das Hervorrufen tief entspringender Ausschläge, das Ausschneiden der unwüchsigen, den Stock schwächenden Loden und endlich das Schneideln und Aufästen derselben, was alles im Nachfolgenden geeigneten Orts seine Beleuchtung finden wird. Endlich ist auch nicht zu verkennen, daß das Wurzelsystem des Mutterstockes eine seiner Form und Bildung analoge Bestockung so lange hervorruft, als nicht andere Einflüsse dem entgegen wirken.

Nach den gemachten Beobachtungen glaubt man nämlich der Ueberwallung, oder vielmehr der nach der Entschaftung eintretenden Art und Weise der Anlagerung des neuen Holzgebildes hauptsächlich den Einfluß auf die Lodenbildung zuschreiben zu müssen.

Wie schon früher angedeutet, entsteht die neue Rinden- und Holzlage durch den absteigenden Bildungssaft, der sich zwischen Splint und Rinde zu Zellen, resp. später zu Gefäßbündeln organisirt, was hauptsächlich an der Basis der Loden, wo dieselben dem Stock angeheftet sind, schnell von Statten geht und sich hier bald durch eine äußere Anschwellung sichtbar macht. Diese neue Bildungsschicht erscheint bei der Zergliederung, selbst dem unbewaffneten Auge maserig und wimmerig mit anscheinend systemlos construirtem Zellengewebe und ist mit vielen Markstrahlen durchzogen, ohne die Jahresringe deutlich erkennen zu lassen. Dies ist bei dem einen Stocke mehr, bei dem anderen weniger der Fall, was sich theils dem größeren oder geringeren Grade von Saftstockung oder Saftüberfüllung, theils dem Umstande zuschreiben läßt, daß in Folge der nach der Entschaftung vorgehenden Erschütterung der Lebensweise des betreffenden Individuums eine nicht ganz vollkommene Umbildung der Saftmasse stattfinden kann. Daß nun diese unnormal organisirten Holzgebilde den Saftdurchgang hemmen, unterliegt wohl keinem Zweifel und wird durch die Wahrnehmung hinreichend bestätigt, daß solche Loden, welche nur theilweise mit ihrer Basis auf der Ueberwallung stehen, an derjenigen Seite geringer zuwachsen, also schwächere Jahresringe ansetzen, wo die Saftleitung durch diese Maserbildung gehemmt wird, während der Zuwachs da stärker ist, wo die leichte Communikation mit den correspodirenden Wurzeln nicht in jener Weise unterbrochen wird.

Diese Wirkung der stärkeren oder schwächeren Saftströmung findet sich auch bei Kernstämmen bestätigt, die an der Seite einen stärkeren Zuwachs zeigen, wo die Bewurzelung am vollkommensten ist, so daß alsdann der Kern des Baumes nicht mittelpunktständig erscheint.

Ferner beruht die Verholzung unserer Bäume darauf, daß die Holzzellen der Gefäßbündel durch innere Ablagerungsschichten ihre Wände allmälig verdicken und dadurch mit dem Alter untauglicher zur Saftleitung werden, weßhalb man auch letzteres Geschäft mehr den äußeren Splintschichten der Bäume zuschreibt. Diese Verdickung der Zellenwände mag in der maserigen Ueberwallungsschicht, in Folge des massenhaften, wenngleich theils unreifen Bildungssaftes früher eintreten als im normal organisirten Holzkörper und scheint dann zu veranlassen, daß in den meisten Fällen jüngere Ausschläge, soweit es der Grad der Bestockung zuläßt, vertical aufsteigen und erst später zu schirmförmiger Kronenbildung übergehen, oder gar verstruppen.

Einzelne Stöcke incliniren mehr für Maserbildung als andere, was theils durch deren Individualität, theils durch zufällige äußere Einflüsse bedingt werden mag. Auch bei anderen Holzarten, z. B. der Ulme, vermasern manche Stämme total, während manche wieder nicht einmal einen Anflug davon zeigen. Anhaltendes warmes Wetter während der Periode des Saftsteigens begünstigt die Saftüberfüllung und mit ihr die Maserbildung auffällig, und ebenso der Standort an warmen Südhängen.

Es scheint hiernach lediglich darauf anzukommen, auf welche Weise die regenerirte Lode sich ihre Nahrungsstoffe zu verschaffen weiß; bleibt sie in directen Beziehungen zu dem regelmäßigen Holzgebilde, so geht ihr der Nahrungsstoff ohne Unterbrechung zu und sie scheint sich baumähnlich und vertical zu entwickeln. Treten Störungen durch die Maserbildung oder Stockfäule ein, so inclinirt die Lode zu Verstrauchungen, scheint aber um so eher wieder zu einem schäftigen Wuchs überzugehen, je schneller sie an einer anderen Stelle durch Anlagerung regulärer junger Holzschichten das Verlorengegangene wieder ersetzt. Diejenigen Loden, welche mit ihrer Basis vollständig auf der Ueberwallung stehen, aus der sie hin und wieder erst mehrere Jahre nach der Entschaftung entkeimen, verstruppen vollständig und zeichnen sich durch geringen Zuwachs aus. Andere Loden sind wieder an ihrer Basis von der Ueberwallung wulstähnlich umlagert, und diese wachsen sperrig, je mehr die eintretende Stockfäule ihre Basis isolirt, werden aber schon mehr schäftig, wenn sich die neue Holz lage mit gesundem älteren Holze eng verbindet. Ganz kräftige, verticale Loden correspondiren stets, theils direct, wie die Wurzelloden, theils indirect, wie die Stockloden, mit den unterirdischen Ernährungsorganen, ohne Störung bei der Saftzuführung zu erleiden. Am wenigsten empfinden die tief entspringenden Loden die nachtheiligen Folgen der maserähnlichen Ueberwallung, sobald sie sich unter günstigen Bedingungen schnell mit den Wurzeln in Correspondenz setzen können, am meisten die dicht über dem Wurzelknoten hervorbrechenden, wo der Bildungssaft am stärksten sich ansammelt und in Stockung geräth. Hochentspringende Stockloden verlieren dagegen im Allgemeinen weniger durch die Ueberwallung, als mehr durch die Stockfäule im späteren Alter an Schäftigkeit, obgleich wieder sehr nahe am Abhiebe entstehende Loden, welche mit der Ueberwallung den Stock überwachsen, stets weniger wüchsig auftreten als solche, welche noch einen Stift über ihrer Anheftungsstelle zurücklassen. Loden, welche mit tiefen und kräftigen Wurzeln, besonders der Pfahlwurzel, correspondiren, sind wüchsiger als solche, die von flachen Seitenwurzeln abhängig sind, was sich stets an solchen Stöcken bewahrheitet, an denen Ausschläge aller Gattungen auftreten.

Aus den vorstehend geschilderten Wachsthumsvorgängen der Ausschläge an Eichenstöcken geht nun der Einfluß hervor, den eine besondere Pflege dieser auf deren Reproductivität, sowie die Art und Weise der Bestockung haben muß, weßhalb hier das mitgetheilt werden soll, was nach eigenen Beobachtungen und Erfahrungen beachtenswerth erschien.

Schon ältere Praktiker lehren, daß von der Art des Abhiebes größtentheils der gute Wuchs der Ausschläge und die Erhaltung des vollen Bestandes an Mutterstöcken abhängt und daß die Unvergänglichkeit des Niederwaldes in der Führung eines tiefen, der Erde gleichen Hiebes sich basire, und man findet bis in die neueste Zeit auch in allen regelrecht bewirthschafteten Niederwaldungen diesen Grundsatz vertreten, indem man nicht nur einen tiefen, sondern möglichst auch einen vollständig glatten Hieb zu erstreben sucht, um zugleich auch das, besonders für jüngere Stöcke, nachtheilige Splittern und Einreißen derselben zu vermeiden.

Nach den in der Praxis gemachten und bereits erörterten Wahrnehmungen wird bei ganz jungen Mutterstöcken bis zur Heisterstärke hin, wo die Hiebwunde entweder schnell überwallt, oder der stehenbleibende Stift schadlos mit der jungen Lode verwächst, weniger ein tiefer Hieb Bedingniß werden, als bei voluminöseren Mutterstöcken, wo sich die Gesundheit und Lebensdauer der jungen Lode lediglich in ihrer schnellen Isolirung basirt. Man halte daher den Grundsatz fest, je älter der Stock, desto tiefer der Hieb.

Ja selbst hochgehauene Stöcke mit unwüchsiger Bestockung kann man zu einer neuen und kräftigen Wurzelthätigkeit anregen, wenn man dieselben nochmals tief aus dem Boden nachhaut.

Die Verabsäumung des möglichst schonenden und glatten Hiebes bringt im älteren Holze nicht die Nachtheile, als im jungen; so sieht man in Folge des in manchen Gegenden üblichen Abspaltens der Randstücke an älteren Eichenstöcken, wie es ärmere Leute zum Zwecke der Holzgewinnung häufig zu thun pflegen, nur in sofern Nachtheile für den Wiederausschlag entstehen, als derselbe nicht so zahlreich erfolgt, sich vielmehr nur auf einzelne, auf den Wurzelknoten, mitunter auf die Wurzeln zurückgedrängte Loden beschränkt, welche man sehr rasch zu schwächern Nutzholzsortimenten, wie Leiterbäume, Wagendeichseln und dergleichen mehr heranwachsen sieht. Die Lebensdauer dieser Loden scheint jedoch mehr oder weniger in Frage zu stehen, da sie ihren Ursprung in der Regel unmittelbar am Rande der durch das fragliche Abspalten entstandenen Wunden nehmen und diese letzteren dann überwachsen. Als natürliche Folge davon zeigt sich im späteren Alter Kernfäule und mangelhafte Schäftigkeit.

Von manchen Praktikern findet man auch für Stöcke von schon stärkeren Dimensionen den sogenannten Kesselhieb, oder Hieb aus der Pfanne, empfohlen, um durch das Regenwasser ꝛc., welches in der muldenförmigen Vertiefung der Hiebfläche sich bald ansammelt, die schnelle Fäulniß im Mutterstock und somit die baldige und möglichst vollständige Isolirung der Loden herbeizuführen. Dieser Zweck wird überall da mit dem besten Erfolg erreicht, wo der Wurzelknoten flach steht und es den betreffenden Loden möglich wird, sich so schnell mit nahe liegenden Seitenwurzeln vollständig zu verwachsen, als die etwa zu schnell vordringende Fäulniß, oder das Absterben der noch lebensfähigen Holztheile dies nicht verhindert. Bei allen älteren Stöcken, deren festes Holz außerdem lange der Fäulniß wiedersteht, werden diese günstigen Bedingungen für die Isolirung der Loden fast immer vorhanden sein und zwar um so mehr, je tiefer die letzteren hervorbrechen, zu welchem Zwecke das Auskesseln stets dicht am Boden erfolgen muß.

Neuerdings sucht man auch den Grad und die Dauer der Bestockung hier und da noch durch das sogenannte Ringeln oder Kränzen zu begünstigen, indem man beim Schälwaldsbetriebe die Rinde eine Hand hoch über der Erde vor dem Abschälen mit dem Lohritzer einreißt, so daß das Ablösen derselben in die Erde hinein und bis über den Wurzelknoten hinweg beim Schälen selbst vermieden wird, wobei dann immer der schon erwähnte Stift stehen bleiben muß. Hierdurch soll nicht nur eine reichere Bestockung hervorgerufen, sondern auch das frühzeitige Absterben der hochentspringenden und durch die Stockfäule schnell berührten Ausschläge verhindert werden. Meinen Beobachtungen nach, die ich allerdings in ausgedehnteren Lohschlägen und auf längere Zeit nicht Gelegenheit hatte, anzustellen, läßt sich aber dieser Procedur des Ringelns kein besonderer Vortheil abgewinnen, und speciell da nicht, wo es sich um Heranbildung der Loden zu Baumholz handelt. Wenn man auch annimmt, daß im Niederwalde, besonders da, wo junge Kernstämme zum ersten Mal geschält werden, die oben berührten Vortheile aus dem Ringeln dann hervorgehen, wenn zugleich nachher ein möglichst schonender und glatter Abhieb der Lohstangen erfolgt, so steht dem gegenüber wieder die Erfahrung fest, daß alle jungen Stöcke nach dem Abtriebe der Kernstämme sich in der Regel sehr tief aus der Erde wieder regeneriren, also meistentheils aus dem Wurzelknoten, so daß die Loden fähig sind, sich von den einfaulenden Stocktheilen abzuschnüren, und daß überhaupt beim Schälen jüngere Rinde von selbst oberhalb des Wurzelknotens, wo sie dünner wird, abreißt. Ein Vortheil möchte vielleicht dem Ringeln da nicht abzusprechen sein, wo bei tief geführtem Hiebe junge, noch schlecht bewurzelte Stöcke in Folge starker Laubansammlung verschüttet werden und dadurch ihre Reproduktionskraft verlieren [1]).

Im älteren Holze, sei es bei Kernstämmen, oder schon wiederholt geschälten Ausschlägen, dürften aber insofern Nachtheile aus dem Ringeln erwachsen, als dadurch das Erscheinen von Ausschlägen hoch am Stocke begünstigt wird, während tiefer hervorkommende Loden erwünschter sind, weil sie allein das Vermögen des Isolirens besitzen, welchem die unaufhörliche Verjüngung der Mutterstöcke im Niederwalde obliegt.

Wenn sonach dem Ringeln schon beim Niederwaldbetrieb wenigstens in der Art nicht ausschließlich das Wort gesprochen werden kann, wie es Verfasser in den Lohschlägen der Eifel, besonders in den Communalwaldungen, ausführen sah, so tritt dasselbe da noch mehr in Frage, wo man Ausschläge zum Baumholz heranziehen will, es sei denn, daß man *nach der Operation* den Stock regelrecht und *tief* nachhaut. Hier kann den, besonders bezüglich der Lebensdauer und Gesundheit der Loden zu stellenden Ansprüchen nur durch eine tiefe, dabei kräftige und am vortheilhaftesten nicht zu reiche, sich schnell selbstständig bewurzelnde Bestockung entsprochen werden, wie sie aus dem tief geführten Hiebe hervorgeht, aber auch da nach allen Wahrnehmungen sich stets zeigt, wo die Rinde bis in den Boden hinein abgeschält wird.

---

[1]) Siehe Seite 21 u. 22.

Eine weitere Betrachtung mag den Einflüssen gewidmet werden, welche durch die Bodenkultur und das Brennen auf die Bestockung ausgeübt werden:

Die günstigen Wirkungen, welche das Behacken der Pflanzen, ja selbst älterer Stangenhölzer, auf deren Gedeihen hervorruft, sind bekannte Thatsachen, ebenso wie man dadurch schon in der Saat- nnd Pflanzschule, selbst in trockenen Sommern den Pflanzenwuchs fördert, und sogar den kümmerden, mit Flechten und Moos überzogenen und wenig Frucht bringenden edeln Obstbaum auf Rasenplätzen und Angern gleichsam verjüngt und neues Leben in ihm weckt, wenn man seinen Fuß wiederholt auflockert. Durch die Aufhäckelung und Lockerung des Bodens wird der Atmosphäre der Zutritt erleichtert und die Wirksamkeit der düngenden Bestandtheile jenes für die Vegetation gesteigert. Es leuchtet demnach ein, daß die Bodenkultur vor Allem auf die Wurzelthätigkeit influirt, also speziell in dem Falle, wo es sich um Begünstigung des Wiederausschlages der Stöcke handelt, in den tiefer sitzenden Adventivknospen mehr Leben für neue Wurzel- und Lodenbildung weckt, deren Durchbrechen erleichtert nnd außerdem, was besonders im rauhen Klima für die Eiche sehr in die Wagschaale fällt, die Wirkungen der Spätfröste schwächt[1]). Am günstigsten bewahrheitet sich dies beim Hackwaldbetriebe solchen Orts, wo geeignete Bodenverhältnisse den Zwischenbau von Frucht, ohne merkliche Nachtheile für die Holzzucht, hinnehmen können. Hier sieht man, trotz der gleichzeitigen Fruchtgewinnung, wodurch dem Boden unzweifelhaft auf Rechnung der Holzvermehrung manche Nahrungstheile entzogen werden, die aufgewendete Mühe stets auch noch durch eine reiche, meist wurzelständige Bestockung sich belohnen, ja es gehört hier sogar nicht zu den seltenen Erscheinungen, daß flachstreichende Seitenwurzeln an zufällig bloßgelegten oder verletzten Stellen oft in beträchtlicher Entfernung vom Mutterstock wieder ausschlagen, wodurch somit die Existenz von wahren Wurzelausschlägen oder Wurzelbrut auch bei der Eiche sich bestätigt. Derartige Wurzelloden lassen sich auch durch absichtliches Einkerben von zufälligen Tagwurzeln der Eiche hin und wieder hervorrufen.

In der Regel geht beim Hackwaldbetriebe das sogenannte Ueberlandbrennen der Aufhäckelung der Schlagfläche voraus, wobei man durch ein flüchtig überlaufendes Feuer etwa zurückgebliebene Holzabfälle, Forstunkräuter und sonstige Bodendecke in Asche verwandelt. Das Feuer berührt selbstverständlich die oberirdischen Theile der Stöcke mit und drängt dadurch die Re-

[1]) Die Wahrnehmung, daß die Spätfröste im Frühjahre, welche mit kaltem, für die zarten Triebe der Eiche Verderben bringendem Nebel ꝛc. auftreten, auf benarbtem und festem Boden, der jene atmosphärischen Niederschläge schwieriger aufnimmt, stärker wirken, scheint sich zu bewahrheiten. Ebenso bestätigt es sich, daß in Kämpen, wo man zwischen den Pflanzenreihen eine schützende und Feuchtigkeit erhaltende Bodendecke (Laub, Nadeln, Moos) anwendet, der Frost heftiger auftritt, als auf ungedecktem Boden, der jene Niederschläge schnell aufsaugt.

productivität derselben auf die durch Erde geschützten Theile, also hauptsächlich auf den Wurzelknoten zurück, während die düngenden Aschentheile nicht nur anregend auf die Ausschlagsfähigkeit überhaupt, sondern auch jedenfalls auf die Bildung von Adventivwurzeln einwirken, worauf sich Wuchs und Dauer der Loden basirt[1]).

Bei der Leitung des Feuers scheint es hauptsächlich darauf anzukommen, dasselbe nicht in zu anhaltende Berührung mit den Mutterstöcken zu bringen, sondern demselben, besonders bei jüngeren Stöcken, nur ein flüchtiges Ueberlaufen zu gestatten, um die hier noch zarten Rindentheile nicht zu stark zu verletzen und deren gänzliches Absterben herbeizuführen. Daher ist auch das sogenannte Schmoden, wobei ein starkes Glutfeuer, aus Habsucht, um an Raum für die Fruchtbenutzung zu gewinnen, und den frühzeitigen Schatten durch den Lodenausschlag fernzuhalten, auf den Stöcken oder in deren unmittelbaren Nähe unterhalten wird, sehr verpönt.

Vielfach schreibt man dem Brennen einen günstigen Einfluß auf die verticale Lodenbildung zu, indem man bemerkt haben will, daß, wo die Stöcke durch das Feuer berührt wurden, die Loden stets senkrecht aufwachsen, daß dagegen, wo jene zufällig vom Feuer verschont blieben, dieselben vielfach sperrig erfolgen. Dies berechtigt noch mehr zu der schon früher ausgesprochenen Annahme, daß die Nachtheile der Ueberwallung den tiefentspringenden Loden weniger fühlbar werden.

Beachtenswerth ist noch, daß die Bodenverhältnisse nicht ohne allen Einfluß auf die Erfolge bleiben, die nach allen bisherigen Erfahrungen durch das Brennen erzielt wurden; so haben dabei die Versuche auf flachgründigem und Sandboden, besonders dem leichten und lockern, in Hinsicht auf Dauer und extensive Ausdehnung der Ausschläge, viel ungünstigere Resultate geliefert, als auf dem bündigen Boden, besonders dem Thonschiefer und der Grauwacke.

Ein weiteres Mittel, ältere Mutterstöcke zur Wurzelthätigkeit anzuregen, bietet die Erfahrung im Bedecken derselben mit Steinen, Reisern, oder anderem, die Atmosphäre nicht ganz absperrenden Material. Bei noch jüngeren Stöcken, deren Seitenwurzeln meist sehr tief liegen, hat dies jedoch nicht immer Erfolg, vielmehr wird dadurch der Wiederausschlag oft total unterdrückt. Selbst die Laubdecke, sei sie absichtlich oder zufällig herbeigeführt, kann das Reproduktionsvermögen junger Stöcke gänzlich aufheben, daher auch die Wahrnehmung,

---

[1]) Wie günstig das Brennen, auch ohne gleichzeitige Bodenlockerung, auf das Gedeihen von Culturen einwirkt, davon hatte der Verfasser Gelegenheit, sich zu überzeugen, als auf einer Culturfläche eine mit Beerenkraut und Heide überzogene Stelle durch unvorsichtiges Schiffelbrennen in Brand gerieth und sogleich, auf noch warmem Boden, mit 2jährigen Fichten durch das v. Buttler'sche Eisen wieder in Bestand gebracht wurde. Hier waren noch nach drei Jahren die günstigen Wirkungen des Brennens den Nachbarpflanzen gegenüber unverkennbar.

daß auf die Wurzel gesetzte junge Kernstämme, wo der Wind dieselben zufällig mit Laub verschüttet, meist sich nicht wieder regeneriren.

Versuchsweise habe ich auch Erde derart bei älteren Stöcken als Deckung verwendet, daß ich dieselben damit gänzlich überschütten ließ, und in Folge dessen, wenn auch erst im zweiten Jahre, eine sehr reiche und größtentheils wurzelständige Bestockung erzielt. Das spätere, allmälige Absterben vieler auf diese Weise hervorgerufenen Loden veranlaßte mich jedoch zu genaueren Untersuchungen solcher mit Erde überschütteten Stöcke, die ich ganz ausroden ließ, und es stellte sich dabei heraus, daß die Weißfäule im Splint stark um sich gegriffen und die äußeren Theile desselben mit kleinen weißen Schwämmen überzogen hatte. Es tritt demnach in Folge des gänzlichen Abschlusses der Atmosphäre und des beständigen Feuchtigkeitsgehalts der den Stock unmittelbar umgebenden Erde ein förmliches Vermodern der äußeren Splinttheile bis zum Wurzelknoten hin und noch tiefer ein, welcher Umstand den Wachsraum der Loden an ihrer Basis so stark beengt, daß sie bald allen Halt verlieren und oft ganz vom Mutterstock abgeschnitten werden, ehe sie zur selbstständigen Wurzelbildung überzugehen vermögen, und daher frühzeitig absterben.

Günstiger hingegen wirkt in dieser Beziehung die Moosdecke, wofür solche Stöcke den Beweis liefern, deren Hiebfläche von Frevlern, die den Diebstahl nicht sobald entdeckt wissen wollen, mit Moos belegt worden ist, und die ihre Existenz oft erst später durch einen kräftigen Wiederausschlag dem Schutzbeamten verrathen.

Ferner lassen sich kümmerlich und sperrig regenerirte Stöcke durch Behäufeln mit Erde zum besseren Wuchs anregen, und erlangt man dadurch bald freudigeres Gedeihen der verkommenen Ausschläge, wozu wohl nicht allein die den Fuß schützende Erde, sondern die unter derselben bald einfaulende und dann zur Bildung von Astwurzeln anregende Laub- und Moosdecke das Ihrige beiträgt. Von diesen günstigen Wirkungen des Behäufelns der bereits regenerirten Stöcke kann man gelegentlich überall sich da überzeugen, wo zufällig deren Fuß bei Grenz- oder Abzugsgräben in den Erdauswurf zu stehen kömmt. Selbst wenn man später solche mit Erde beschütteten Ausschläge abhaut, schlagen sie sehr kräftig wieder aus.

Im Anschluß an diese Bemerkungen über die Wurzelthätigkeit im Allgemeinen sei hier noch eine specielle Erscheinung erwähnt, welche in den letzten Jahren wahrgenommen wurde und für den Wirthschaftsbetrieb von der größten Wichtigkeit ist, ja welche, wenn sie noch nicht anderweit konstatirt sein sollte, was mir unbekannt ist, als eine Entdeckung angesehen werden kann, die in einer längeren Reihe von Jahren in der praktischen Waldwirthschaft sowohl, als zur Erweiterung der Theorie über die vegetative Lebensthätigkeit des Wurzelsystems der Eiche gemacht wurde.[1]).

---

[1]) Nahe bei Trier wurde in einem Königlichen Forste eine Districtslinie durch einen 25—30 Jahre alten reinen Buchenbestand gehauen; schon im folgenden Jahr erschien ein

Es ist nämlich festgestellt worden, daß junger Eichenkernwuchs, dessen Entwickelung aus Mangel an Licht unmöglich gemacht und dessen gänzliches Verschwinden, in Folge des Druckes und der Ueberschirmung durch Samenbäume, verwüchsigen alten Kernwuchs oder durch Wildhölzer herbeigeführt wird, sich an dem in der Erde stehenden, absteigenden Stock eine lange Reihe von Jahren lebensfähig erhält, um später, bei wiederhergestelltem Licht- und Wärmeeinfluß, durch schlafende Augen noch ein kräftiges und zu den schönsten Hoffnungen berechtigendes Pflanzenindividuum hervorzubringen. Nachdem nämlich die junge Pflanze in Folge der zuvor erwähnten Umstände außer dem Bereich der zu ihrem Fortleben unbedingt nöthigen Lichteinwirkungen gesetzt wird, fängt dieselbe an zu kümmern und stirbt nach und nach ab. Dieses Absterben nimmt stets im Wipfel seinen Anfang und setzt sich schnell bis zum Wurzelknoten, von hier ab aber langsamer bis zur Wurzel fort. Werden nun während dieses Rückganges der Pflanze die Bedingungen zu deren Gedeihen wieder herbeigeführt, so tritt neues Leben in derselben ein, und sie sucht die verloren gegangenen Theile durch Schaft-, Stock- oder Wurzelausschläge zu ersetzen.

Am Schaft und den unteren Theilen des Stammes vermag sich die junge und einmal im Rückgang begriffene Pflanze nicht lange ausschlagsfähig zu erhalten, da in der Regel bei starkem Druck in 2 bis 3 Jahren der Prozeß des Absterbens bis zum Wurzelknoten hin vordringt. Hier entsteht ein Stillstand, wie lange dieser aber dauert, bleibt weiteren Beobachtungen nach Verschiedenheit des Bodens und Klimas überlassen, obgleich das bereits festgestellt ist, daß noch 20 Jahre nach vollständigem Verschwinden des Oberstockes, die Wurzel wieder in Lebensthätigkeit zu treten vermag.

Man geht bei dieser Wahrnehmung allgemein von der Ansicht aus, daß einerseits die Pfahlwurzel der jungen Eiche an jeder beliebigen Stelle in der Erde sich wieder zu regeneriren vermag, und daß andererseits die Entstehung der betreffenden Adventivknospen erst mit dem Zeitpunkt des Wiederausschlags eintritt. Diesen Hypothesen kann wohl nach den angestellten Untersuchungen nicht beigetreten werden, vielmehr scheint es, daß, sobald die junge Eiche in Folge nachtheiliger äußerer Einflüsse zu kränkeln anfängt, und somit die Saftbewegung in den oberirdischen Pflanzentheilen in Stockung geräth, sich zugleich an den unteren Theilen der Pflanze, vorzugsweise aber am Wurzelknoten, kleine, warzenähnliche Anschwellungen bilden, die sich um so eher zu vollständigen Knospen entwickeln, jemehr jene nachtheiligen Einwirkungen den Oberstock beeinflussen, sich aber erst dann zu Trieben formiren, wenn jene Ein-

---

üppiger Eichenaufschlag. Untersuchungen ergaben, daß vor der Verjüngung alte Eichen hier gestanden hatten; der Eichenaufschlag war durch die Buchen unterdrückt und der oberirdische Theil desselben abgestorben, bis nach ca. 20 Jahren, beim Durchhieb der Distriktslinie, der unterirdische Stock sich wieder regenerirte.

flüsse wieder verschwinden, also Licht- und Luftzutritt wieder hergestellt wird. Selbst schon bei den vom Frost nachtheilig beeinflußten jungen Eichen findet dies Vorbilden von Knospen am Schaft- und Wurzelknoten statt. Wenn nun auch die Bestimmung dieser, oft in großer Masse vorgebildeten Knospen, ursprünglich nur auf die Wiederersetzung des verloren gehenden Oberstockes gerichtet zu sein scheint, so besitzen jene dennoch zugleich das Vermögen, sich zu Wurzeln, die man unter dem Namen Astwurzeln kennt, auszubilden, wodurch der spätere Wuchs des neu regenerirten oberirdischen Pflanzenindividuums ungemein gewinnt.

Nach allen Wahrnehmungen scheint man den Wurzelknoten gleichsam als Centralpunkt der vegetativen Thätigkeit der Wurzeln ansehen zu müssen, der mit einer besonderen Lebensfähigkeit von der Natur ausgerüstet wurde. Gerade bei der jungen Eiche scheint er lange das Vordringen des Absterbens der oberirdischen Pflanzentheile zu hemmen und so die in einen gewissen Ruhezustand übergegangene Wurzel lebensfähig zu erhalten; ja er unterhält vielleicht auch während dieser oft langen Ruheperiode eine geringe Saftcirculation die jedoch keine Holzvermehrung zur Folge hat, da die Säfte sich nicht umzubilden vermögen.

Daß sich, nachdem auch der Wurzelknoten abgestorben ist, die tiefer liegenden Theile der Pfahlwurzel bei besonders günstigen atmosphärischen Einwirkungen noch zu regeneriren vermögen, bleibt wohl möglich, läßt sich aber nicht annehmen. Es zeigen sich wenigstens bei den vorgefundenen Exemplaren kümmernder junger Eichen unterhalb des Wurzelknotens nicht jene vorgebildeten Knospen, welche immer nur einzeln am aufsteigenden Stocke, sehr häufig aber am Wurzelknoten und zwar hier in der Regel truppweise auftreten. Wenn der Wiederausschlag in einzelnen Fällen bis 2½ Zoll unter der Erde erfolgte, so ist dadurch noch nicht erwiesen, daß jener nicht vom Wurzelknoten herstammt, welcher in Folge von Humusansammlung oder Einsenkung des Samenkorns, selbst wenn die Natur es säete, in die obere Erdschicht durch solche zufällige Einwirkungen wohl eine stärkere Bodenschicht, als dies gewöhnlich der Fall zu sein pflegt, über sich zurücklassen kann.

Für die Wissenschaft kann es von Interesse sein, nach anatomischen Unterschieden die Art und Weise dieser individuellen Fortpflanzung junger Eichen zu ergründen, für den Forstmann und überhaupt die Praxis genügt es, zu wissen, daß selbst der 15 bis 20 Jahre schlummernde Unterstock junger Eichen noch fähig ist, sich durch häufige und kräftige Ausschläge wieder zu verjüngen, die die frühere Kernlode bedeutend zu überwachsen vermögen und daher mindestens da Vorzüge vor der letzteren haben, wo die Wachsthumsumstände nicht ganz günstige sind. Die Verwerthung dieser Ausschläge bietet demnach unter geeigneten Verhältnissen beim Wirthschaftsbetriebe namhafte Vortheile.

In den vorstehenden einleitenden Betrachtungen ist versucht worden, die Eiche nach ihrem individuellen Auftreten und Verhalten unter den verschiedenen Bestandesformen oberflächlich zu beleuchten. Aus denselben ergiebt sich, besonders für die minder günstigen Standortsverhältnisse, die unabweisliche Nothwendigkeit, für eine eingehende Pflege derselben zu sorgen, und es soll nun im Nachfolgenden versucht werden, die für diese Pflege bekannt gewordenen Mittel und Wege zu zeigen, welche sich theils auf den Schutz gegen lästig werdende Mischhölzer, theils anf Conservirung der Eiche selbst erstrecken.

II.

Die Freistellungs- und Läuterungsoperationen zu Gunsten der Eiche.

Im Vorhergehenden ist bereits des Verhaltens der Eiche zu den verschiedenen, theils absichtlich, theils zufällig mit ihr zusammengestellten Mischhölzern kurz Erwähnung geschehen und der Uebelstände gedacht worden, die dadurch im Allgemeinen erwachsen. Die Anwendung der Freistellungs- und Läuterungsoperationen bietet Gelegenheit, diese Mißverhältnisse zu Gunsten der Eiche, wenn auch nicht vollständig zu beseitigen, so doch weniger fühlbar zu machen, indem man dieselbe vom Druck oder der Ueberschirmung anderer, minder werthvoller Holzarten befreit und den nöthigen Lichtzutritt herstellt. Man ruft dadurch nicht nur in dem kümmernden Stamm neue Lebensthätigkeit hervor, sondern begünstigt dabei auch dessen Höhen- und Schaftentwickelung.

Die fraglichen Operationen bewegen sich größtentheils in jüngeren, mehr oder weniger gleichaltrigen, durch Natur oder Kunst geschaffenen Buchenorten oder anderen gemischten Laubholzschonungen, als dem eigentlichen Felde einer rentablen, gelegentlichen Mitanzucht der Eiche, auch wohl in Nadelholzbeständen wo die Eiche als Stock-, Wurzel- oder Kernlode meist vorwüchsig auftrat, später aber durch die ungeselligen Freunde eingeholt und überwachsen wurde.

So vortheilhaft sich auch nun die Eiche gerade auf ärmeren, ihr weniger zusagenden Bodenklassen im Gemisch mit anderen Holzarten heranzubilden vermag und sich gleichsam von denselben willig in Schutz nehmen und zum kräftigen, vollholzigen Nutzstamm hochheben läßt, so selten pflegen doch alle diese Mischungen dann zu Gunsten der Eiche auszuschlagen, wenn sich diese nicht schon von Kindheit an prädominirend stellte, oder wenn sie nicht von der Hand des Pflegers, sei es bei Gelegenheit des Durchforstungsbetriebes, sei es durch specielle Bestandespflege, kräftig unterstützt und gegen die Umgebung in Schutz genommen worden ist.

Bei den gewöhnlichen regelmäßigen Durchforstungen, mögen sie auch mit noch so großer Sorgfalt und mit noch so großer Rücksicht auf Conservirung der Eiche ausgeführt werden, kommt doch meist die Hülfe zu spät und oft erst dann, wenn die Eiche schon den Keim des Todes in sich trägt. Erfolgreich wird sie nur bei den speciellen Freistellungen, die jeden Orts, in jedem Alter, zu jeder Zeit vorgenommen werden können und dem Forstmann die Mittel an die Hand geben, da zu helfen, wo es gerade Noth thut. Nur auf diese Weise vermag er entweder die geeigneten und noch eine Zukunft sichernden Stämme, oder eine dem Bedürfniß, oder dem Bestandesverhältniß entsprechende Zahl von Eichen so lange den Gefahren zu entrücken, bis die Natur diese mühsame Pflege selbst übernimmt.

In ihrer praktischen Ausführung werden diese Freistellungen zu verschiedenartigen, je nachdem sie in jüngerem oder älterem Holze ihre Anwendung finden.

Die Operationen ersterer Art, wo es sich also um jüngere, der Hand noch nicht weit entwachsene, natürliche Verjüngungen oder künstliche Saaten und Pflanzungen handelt, versprechen den meisten Erfolg. Hier hat die Eiche in der Regel nur durch Seitendruck und selten durch anhaltende Ueberschirmung gelitten, so daß die mit geeigneten Werkzeugen regelrecht und vom Boden aus bequem vorzunehmenden Freistellungen sich reichlich lohnen. Es handelt sich dabei zunächst um die Art und Weise der Beseitigung der lästig werdenden Umgebung; ein gänzlicher, wenn auch nur allmäliger Aushieb derselben, wie er in schon älteren Beständen unter gewissen Verhältnissen sehr zweckdienlich sein könnte, würde hier oft sein Ziel verfehlen, vielleicht die entgegengesetzte Wirkung herbeiführen. Haltlose Eichen würden, jeder Stütze beraubt, umsinken und bei nicht ausbleibendem Schnee- oder Duftanhange unter der pyramidenähnlich sich vereinigenden Umgebung ihr sicheres Grab finden, während selbst kräftigere Pflanzen durch die Entblößung des Fußes und den zu plötzlichen Lichtzutritt kränkeln, den Schaft mit Wasserloden bekleiden, den Höhentrieb auf Rechnung der neuen Astbildung einstellen, und auf diese Weise sehr schnell einer neuen, noch gefährlicheren Verdämmung entgegen gehen würden. Als erfolgreichste Manipulation bewährt sich daher unter den angedeuteten Verhältnissen das bloße Einstutzen der gefahrbringenden Mischhölzer derart, daß die Krone der Eiche vollständig frei und dominirend gestellt wird und daß zugleich der entwipfelte Schaft jener Nachbaren noch kräftigen Ausschlag, der sich in der Regel bald nahe unter der Abhiebsstelle entwickelt, regeneriren kann, welcher theils der Eiche als Stütze dient, theils deren Krone, zum Zwecke des Mitsichheraufnehmens, unterwächst. Um diesen Zweck, sowohl bei Laub- als Nadelhölzern, vollkommen zu erreichen, muß einerseits die Entgipfelung nicht so schwach erfolgen, daß die wieder hervorbrechenden Ausschläge oder die zurückbleibenden Aeste, welche den genommenen Wipfel zu ersetzen streben, eine neue Verdämmung veranlassen; andererseits darf sie aber auch nicht so unvorsichtig stark ausgeführt werden, daß der zurückbleibende Schaft in Folge Lichtmangels nicht wieder ausschlägt, sondern im Laufe der Zeit abstirbt und somit die Eiche weder stützen, noch mit heraufnehmen kann.

Bei allen Laubhölzern, die die Eigenschaft besitzen, an jeder Stelle in der Rinde schnell wieder Knospen und Zweige zu entwickeln, erzielt man schnell wieder neuen Ausschlag an dem selbst stark und ohne Zurücklassen von Aesten gekürzten Schafte. Jedoch gerade die Buche, die im Gemisch mit der Eiche wohl am meisten in Frage tritt, ist sehr empfindlich gegen solche Schaftkürzungen, wenn dieselben nicht mit besonderer Vorsicht ausgeführt werden. Nimmt man indessen der jungen Buche nur den äußersten Wipfel mit Rücksicht auf Erhaltung der untersten Kronenäste, so ersetzt sie diesen allmälig nach längerem oder kürzerem Kampfe durch einen geeigneten Seitenast, und bis dahin findet die Eiche, so lange sie eben noch nicht zu stark unter dem Druck gelitten hat, Zeit znr Erholung und Höhenentwicklung. Beseitigt man aber den ganzen Wipfel ohne Reservirung von Kronenästen, so bildet sich, wie auch bei allen andern Laubhölzern, ein struppenwuchsähnlicher Ausschlag unterhalb der Abhiebsstelle, der den Schaft noch einige Jahre in Lebensthätigkeit erhält, dann aber mit diesem abstirbt.

Andere Laubhölzer, wie Esche, Weißbuche, Ulme und besonders alle Weichhölzer ertragen hingegen das starke Entwipfeln viel besser und liefern der haltlosen Eiche schnell durch neu erzeugten Schaftausschlag eine Stütze; nur fordern diese um so mehr den Lichtzutritt behufs Wiederausschlags am Abhiebe, je weniger sie Schattenpflanzen sind.

Bei den Operationen zu Gunsten der Eiche im Gemisch noch jüngerer Nadelhölzer begegnet man der Fichte und der Tanne, als Schattenpflanzen, der Lärche und Kiefer, als Lichtpflanzen, welche, soweit sich überhaupt aus deren Lebensweise nnd Verhalten der Eiche gegenüber allgemeine Regeln bilden lassen, ebenso eine verschiedenartige Behandlung fordern, als auch die Eiche unter deren feindseligen Anfechtungen verschiedenartig auftritt. Da die Nadelhölzer, mit Ausnahme von einigen amerikanischen Pinusarten und besonders der canarischen Kiefer, welche reichlich Knospenbrut treiben, nicht, wie die Laubhölzer, aus Adventivknospen neue Zweige regeneriren, so sind hier die Entwipfelungen stets mit Rücksicht auf zu erhaltende Quirläste vorzunehmen, die dann entweder sämmtlich, wie meist bei Fichte und Tanne, nach oben streben und den verlorenen Wipfel zu ersetzen suchen, oder von denen nur einer, wie vielfach bei Kiefer und Lärche, diese Function übernimmt. Die Fichte und Tanne erdulden ein sehr starkes, selbst bis auf den untersten fußständigen Quirl vorgenommenes Einstutzen, ohne abzusterben, oder den Zweck des Bodenschutzes zu versagen, während Kiefer und Lärche hierin, sowie überhaupt gegen alle Schaftkürzungen um so empfindlicher sind, je mehr sie dadurch außer dem Bereiche der Lichteinwirkungen treten. Auf der anderen Seite kann man hinsichtlich des Aufästens bei der jungen Kiefer weiter gehen, als bei der Fichte und erträgt erstere sogar die Beraubung sämmtlicher Aeste bis zum äußersten Knospenquirl, was die Fichte wohl in der Regel mit dem Tode büßt.

Steht die Eiche in solchen jungen Nadelholzschonungen, in denen Schattenpflanzen die herrschende Holzart bilden, so zeigt sie ihr Streben nach dem entzogenen oder geschmälerten Oberlicht deutlich durch geil aufgeschossene, unselbstständige, in der Umgebung sich verlierende Höhentriebe und giebt zugleich durch haltlose Schaftentwickelung, mangelhafte oder ganz fehlende Beastung zu erkennen, daß sie auch den Genuß des so wohlthätig einwirkenden Seitenlichtes und Luftzutrittes von Kindheit auf entbehrt hat. Die Erfahrung hat nun aber hinreichend bewiesen, daß solche, oft ganz haltlose Eichengerten mit der Zeit eine vollständig stufige Entwickelung erlangen, wenn sie im Schluß gelockert, dabei aber einer nöthigen Stütze nicht beraubt werden. Man stelle daher die noch gesunde, aber entkräftete Eiche nach dem Grade der Selbstständigkeit ihrer Krone durch Entwipfelung der Umgebung frei, suche womöglich auch das Anlehen derselben an einen nur schwach gekürzten Nachbar zu vermitteln und wirke ferner durch Entästung und theilweisen Aushieb der Umgebung auf Schaftkräftigung und Hervorrufung einer vollen Belaubung hin. Die Wiederkehr abermaliger, ähnlicher Operationen, besonders aber ein allmäliger, beim Durchforstungsbetriebe nicht zu verabsäumender Aushieb der beiständigen, drückenden Hölzer wird hierdurch nicht ausgeschlossen. Eine solche wiederholte Hülfe ist vielmehr um so nöthiger, als sowohl die Fichte wie die Tanne schnell jede ihnen gewordene Mißhandlung überwindet.

Um der Eiche entweder Bodendeckung zu schaffen, oder ihren etwa kümmerlichen Wuchs zu heben, ist wohl bisher, selbst schon beim Jungwuchs, keine Holzart mehr als Vermittlerin benutzt worden, als die genügsame, den Schirm der lichtkronigen Eiche wenig achtende Fichte. Es sind jedoch derartig behandelte, jetzt schon mehr herangewachsene Bestände nur geeignet, den in fraglicher Hinsicht erlangten Ruf der Fichte zu schmälern. Während sie anfänglich nur den Boden deckte, wurde sie bald beiständige und endlich herrschende Holzart und führt vielfach zur Frage, ob sie oder die Eiche schließlich zu conserviren sei.

In einem solchen, ziemlich mannbaren Eichengertenorte, wo die Fichte unter dem lockern Kronenschluß der Eiche einen lückenfreien Unterstand bildete, durch einzelne Exemplare, die hier uud da den Schirm zu durchbrechen versuchten, aber die Gefahr andeutete, welcher die Eiche mit schnellen Schritten entgegenging, ließ ich auf einer kleinen Versuchsstelle sämmtliche Fichten auf drei Fuß vom Boden köpfen, während der Eichenoberstand geläutert und zugleich entästet wurde. Diese kleine Versuchsstelle bietet nun, nicht für den Laien, der die Fichte betrauert, wohl aber für den Forstmann ein sehr befriedigendes und Hoffnung versprechendes Bild. Die Zukunft muß lehren, ob die Fichte unter dem Kronenschluß der Eiche sich als Bodenholz erhalten, ob sie abermals nacheilen oder vielleicht absterben wird.

Anders tritt die Eiche in Gesellschaft der lichtbelaubten Nadelhölzer auf. Hier wirkt das Streben der ersteren nach Licht nie so auffällig, artet wenigstens nicht, wie unter den voraneilenden Schattenhölzern, zur vollständigen Selbstentkräftung aus. Der nur unterbrochene, nicht vollständig abgeschlossene Lichtzutritt versetzt die Eiche zwar in einen leidenden Zustand, gestattet ihr aber immer noch die Unterhaltung einer, wenn auch geringen Beastung, so daß in den meisten Fällen der Schaft noch eine gewisse Selbstständigkeit behält, während die mehr oder weniger verzweigte Krone oft schon mehr gedrückt, als nach Licht strebend, erscheint.

Man sieht von Privatwaldbesitzern an Stellen, wo die Eiche in Wechselreihen mit Kiefer und Lärche, als hebenden Zwischenhölzern angebaut worden ist, oft das Aufästen letzterer anwenden, theils um der Eiche Licht zu schaffen, theils um die Mischhölzer, ohne zu erheblichen Nachtheil für jene, so lange erhalten zu können, bis sie nutzbar sind. Insofern es sich hier um spätere Benutzung der Eiche als Ausschlagswald handelt, mag diese Maßregel wenigstens nicht ganz ihren Zweck verfehlen und zwar hauptsächlich mit Rücksicht auf die zuvor schon erörterte Wahrnehmung, daß ganz junge Eichen an der Wurzel noch eine lange Reihe von Jahren, selbst wenn der Oberstock abgestorben ist, sich regenerationsfähig zu erhalten vermögen. Anders gestaltet sich dies aber, wo es sich um die Erziehung eines späteren Hochwaldbestandes handelt, und man neben der Eiche und ihren Zwischenhölzern noch die Buche, auch wohl die Fichte, bei der Bestandesgründung beimischte. Hier genügt das bloße Aufästen der Mischhölzer nicht, selbst wenn man die Eiche sich an einzelnen, besonders günstigen Oertlichkeiten wider Erwarten lange Zeit gleichwüchsig mit der Umgebung erhalten sieht. Es ist vielmehr eine gründlichere Bestandespflege dringend nöthig, wenn die Zukunft der Eiche gesichert werden soll, damit sie nicht, wie in so vielen kleinen Privaltwaldungen, als Hauptholzart verschwindet und den Zwischenhölzern das Feld räumt; traurig genug, aber wahr, was unzählige Beispiele bestätigen.

Es würde sich unter solchen Verhältnissen fragen, ob Aushieb oder nur Entwipfelung der Zwischenhölzer vorzunehmen ist. Meiner Ansicht nach muß man unterscheiden, ob die Eiche bereits vollständig als nachwüchsige und beherrschte Holzart auftritt, oder ob sie sich mehr gleichwüchsig zu erhalten vermocht hat. Dort wird eine allmälige und periodische Lichtung, hier eine kräftige Entwipfelung ihre günstigen Folgen nicht verfehlen.

Bei allen diesen Freistellungen in noch jüngerem Holze wird allerdings manches noch unverwerthbare Material zu Gunsten der Eiche geopfert werden müssen, und es bleibt hier nur übrig, zwischen zwei Uebeln das kleinste zu wählen. Die zu Gunsten der Eiche angegriffene Umgebung liefert übrigens, trotz der Entwipfelung, bei allerdings geschmälertem Nutzholzertrag, immer noch für die Zukunft eine gute Brennholznutzung.

Die Freistellungen in schon älteren Orten, vom Stangen- bis unter Umständen zum mittleren Baumalter hin, fallen oft schon in das Bereich der Durchforstungen, jedoch werden letztere, besonders unter weniger günstigen Verhältnissen, wenn sie in gewöhnlicher Weise zur Ausführung kommen, nie das zu Wege bringen, was eine ganz eingehende Bestandespflege für die Conservirung der Eiche zu leisten vermag.

Die Art und Weise der Freistellungsoperationen wird hier theils durch den Grad der Verdämmung, ob Wipfel- oder nur Seitendruck, theils durch die Individualität der Eiche selbst bedingt werden, ob letztere kräftig oder haltlos, ob sie im Schlusse aufgewachsen, oder erst später in Schluß getreten ist.

Wipfeldruck rührt am häufigsten von der überhängenden Beastung der Randbäume älterer Bestände, oder dem Schirm von Schutz- und Samenbäumen in Buchenschlägen, auch wohl vom Oberholz im Mittelwalde her, und kann hier natürlich nur durch entsprechendes Aufästen der lästig werdenden stärkeren Stämme derart nachgeholfen werden, daß die Eiche soviel als möglich der Schirmfläche entrückt wird. Vor allem wird aber hierbei der Gesundheitszustand der Eiche selbst entscheiden, und zu berücksichtigen sein, in wie weit sich ihm gegenüber die immer kostspieligen, mühsamen und vielleicht in anderer Hinsicht nicht erwünschten Aestungen rechtfertigen oder lohnend machen. In der Regel werden solche mehr oder weniger in der Krone gedrückt erscheinenden älteren Eichen, besonders auf ärmerem Boden, viele Jahre gebrauchen, ehe sie sich wieder erholen und es könnte daher hier gewiß, besonders in Buchenlichtschlägen, fraglich werden, ob es nicht rathsamer ist, die kümmernde Eiche ganz aufzugeben, oder auf die Wurzel zu setzen und durch Schneidelung eine neue Lode heranzuziehen. Andererseits hat jedoch die Erfahrung gelehrt, daß solche Eichen, selbst auf ärmerem Boden, wo bekanntlich eine starke Beschattung eher nachtheilig wird, als auf besserem Standort, nach vollständig wiederhergestelltem Lichteinfluß neue Lebensthätigkeit entwickeln, sich später von der Umgebung willig in Schluß nehmen lassen und mit derselben heraufwachsen. Will man nun besonders da, wo es gilt, den geringen Eichenvorrath nach Kräften zu erhalten, noch der Natur helfend zur Seite treten, so handelt es sich, wie schon erwähnt, zuvörderst um eine Prüfung, ob die Eichen hinreichend gesund sind.

In dieser Hinsicht sind als günstige Kennzeichen anzusehen: eine frische, mehr grünliche Farbe der Rinde und ein nicht zu gedrängter Knospenstand an den jungen Trieben, während Moos- und Flechtenüberzug an Schaft und Zweigen, silberglänzende, dunkelgefleckte Rinde, viele abgestorbene und eingetrocknete Knospen wenig Erfolg für die künstliche Pflege mehr versprechen. Das sicherste Zeichen, ob eine freigehauene, oder sonst wie gegen äußere Anfeindungen in Schutz genommene Eiche wieder gedeiht, liefert schon einige Jahre nach der Operation die Rinde da, wo sie noch glatt und nicht korkig ist, indem dieselbe aus ihrer weißen Färbung stellenweise in grünliche Streifen oder Flecken übergeht, die sich mit dem vorrückenden Aufleben der Eiche vergrößern. Ist dieser Uebergangszustand erreicht, so ist die Zukunft des Baumes gesichert und eine fernere Pflege nicht vergeblich.

Leidet die Eiche in ungleichaltrigen Beständen aber unter dem Wipfeldruck, wenn sie zugleich in enge Berührung mit gleich- oder vorwüchsigen Nachbarstämmen tritt, so daß also gleichzeitig Seitendruck einwirkt, so läßt eine mühsame Freistellung nur in dem Falle noch einen Erfolg erwarten, wo die Verdämmung nicht schon zu anhaltend war und sich noch nicht durch Absterben einzelner Kronenäste kennzeichnet. Ob aber hier eine durchgreifende Freistellung im Großen und Ganzen ausführbar oder überhaupt lohnend ist, das müssen allein die örtlichen Verhältnisse entscheiden.

Wo die schon mehr mannbare Eiche im gleichaltrigen Gemisch nur durch anhaltenden Seitendruck in ihrer Entwickelung beengt wird, was sich theils nur in einer eingezwängten Kronenbildung, theils aber auch in einer mehr oder weniger haltlosen Schaftform äußert, lassen sich von der Pflege, bei nöthiger Sorgfalt, meist noch Früchte erwarten. Dort, wo eine abnorme Beschränkung der Kronenbeastung ihren nachtheiligen Einfluß und zwar steigend ausübt, je mehr der Druck von Jahr zu Jahr zunimmt, bis endlich Wipfeldürre eintritt, ist die Eiche entweder erst im Alter oder in Gesellschaft von Lichthölzern in Schluß getreten. Hier, wo der Schaft seine volle Selbstständigkeit unter der Ungunst der Verhältnisse nicht erreichen konnte, stand in der Regel die Eiche von Kindheit an im engsten Schluß, oder Schattenhölzer bildeten ihre späteren Gesellschafter. Hauptsächlich wird auch hier die Art und Weise ihrer Pflege durch die Individualität der Eiche bestimmt werden, und so können überall jene kräftigen, stufig entwickelten und im höheren Alter erst in Schluß getretenen, oder im Gemisch von Lichthölzern erwachsenen Stämme, ohne zu besorgende Nachtheile, theils gleich, theils allmälig vom Fuße aus frei gehauen werden. Es ist jedoch stets darauf Rücksicht zu nehmen, wie weit die Erhaltung der Umgebung, zum Zwecke des Nachwachsens und Treibens, oder des Bodenschutzes, eventuel zur Vermeidung zu starker Astbildung auf Rechnung der Stammform etwa nöthig erscheint. Getrost kann hier das Geschick der Eiche dem wirksamen Felde der eigentlichen Durchforstungen anheimgegeben werden, denen die Lockerung des nachtheiligen Waldschlusses obliegt und die bei ihrer periodischen Wiederkehr sorgsam die einmal begonnene Pflege der Eiche fortzusetzen haben.

Denjenigen Stämmen hingegen, welche die Höhenentwickelung weniger ihrer eigenen Reproduktionskraft, als mehr dem Einfluß der Umgebung auf Rechnung der Schaftform zu danken haben, die also von Kindheit an in innigsten Beziehungen zu den Mischhölzern standen, ist der nöthige Wachsraum und Lichtgenuß vorsichtig und in periodischen Zwischenräumen durch Entwipfeln, Entästen und späteres allmäliges Loshauen zu verschaffen; wobei es sich sehr empfiehlt, jede sich bietende Gelegenheit zu benutzen, um die etwa haltlose Eiche an eine zunächst stehende kräftige Stange, die nöthigenfalls zu entwipfeln ist, mittelst gedrehter Winden festzubinden. Man traue der im Schluß zu lockernden Eiche nie zu viel Fähigkeit zu, sich aufrecht zu erhalten, da der begünstigte Lichtzutritt durch Vermehrung der Belaubuug stets auffällig auf die Erschwerung des Wipfels einwirkt. Manche Eiche erscheint momentan vollständig haltbar, wird aber bald das Opfer ihrer eigenen Last, da der kraftlose Schaft nicht die Spannkraft mehr besitzt, wie sie der Eiche im gesunden Zustand so eigenthümlich ist. —

Im Vorhergehenden ist versucht worden, dasjenige kurz zusammenzustellen, was man Gelegenheit hat, in Hinsicht auf das Verhalten der Eiche beim Freistellungs- und Durchforstungsbetriebe in Mischhölzern wahrzunehmen. Ein weiteres Feld der Beobachtung und Thätigkeit zu Gunsten der Eiche erschließt sich aber noch an solchen Orten, wo verdämmende, üppig wuchernde Stockausschläge und sonstige unwillkommene und lästige Wildhölzer, zum Zwecke der Reinigung und Läuterung der Abtriebschläge und Umwandlungsorte ausgehauen werden müssen[1]), und wir neben anderen, besseren Holzarten einer Menge mehr oder weniger haltlosen, im Gedränge der wuchernden Misch- oder Wildhölzer oft seilförmig sich hochwindenden Eichen begegnen; die Zukunft der letzteren wird zwar in den meisten Fällen schon sehr zweifelhaft; der aufmerksame Forstmann darf jedoch da auch seine pflegende Hand nicht zurückziehen, wo nicht gerade jedes gesäete Korn seine Früchte tragen kann.

Solche, durch verspätete Länterungen geschwächte Stämmchen würden theils durch den plötzlichen Lichteinfluß noch mehr erkranken, theils in Folge Beraubung der bisherigen Stütze ihr Gleichgewicht verlieren, zur Erde sinken und einen sichern Tod finden, wenn ein Theil der unmittelbaren Nachbarschaft, so sehr ihnen dieselbe auch bisher nachtheilig gewesen, nicht noch erhalten und benutzt würde. Gleich bei Inangriffnahme solcher Läuterungshiebe instruire man daher die Holzhauer derart, daß eine, oder, wo es die Verhältnisse gestatten, auch mehrere Stockloden in der unmittelbaren Nähe der lichtentwöhnten, haltlosen Eichen stehen bleiben, die zur Stütze und zum Brechen der Sonnenstrahlen dienen. Unter geringen Mühen und Geldkosten können dann später besonders geeignete Arbeiter mit einem Vorrath von gedrehten Wieden, einer leichten Handleiter und entsprechenden Freistellungsinstrumenten versehen, die reservirten Schutzhölzer entwipfeln und etwa ganz haltlose Eichen an jene anbinden. Bietet sich aber keine Gelegenheit, der Eiche eine Stütze, oder einen schirmenden Nachbar zu erhalten, so haut der umsichtige, wohl instruirte Holzhauer schnell einen Pfahl aus der nächsten Umgebung und gibt ihn der Eiche zum Halt, schlingt eine Wiede um beide, oder versieht den Pflegling mit einer, in eine Gabel auslaufenden Stütze und stellt so wenigstens die nächste

[1]) Es sind hierher auch die Bestandesformen zu rechnen, wo die Eiche bei der ersten Culturanlage mit bodenverbessernden Weichhölzern (Schwarz- und Weißerle 2c.) zusammengestellt wurde.

Zukunft des bisher vernachlässigten Stämmchens sicher. Auch wo Eichenstockausschläge bei solchen und ähnlichen Hiebsoperationen der Axt begegnen, kann das Ueberhalten geeigneter, tief am Stock entspringender Loden den Holzhauern nicht dringend genug empfohlen werden, um jene durch spätere Schneidelung und Aufästung, worauf weiter unten speziell zurückgekommen werden wird, noch nutzbar zu machen.

Von allen diesen und ähnlichen mühsamen und oft mit Kosten verbundenen Freistellungsmaßregeln kann hauptsächlich nur da die Rede sein, wo es sich darum handelt, einen geringen Eichenvorrath zu vermehren und nach Kräften zu pflegen, oder eine dem Bedürfniß entsprechende, oder der Bestandesmischung angemessene Zahl von Eichen zu erhalten. Wo dagegen die Eiche in Ueberzahl vorhanden, wo Bestandes- und Bodenverhältnisse günstig sind, darf man eher die Pflege und die Herstellung eines angemessenen Mischungsverhältnisses mehr oder weniger der Natur überlassen. Selbst unter günstigeren Verhältnissen fehlt es jedoch sehr oft an genügendem Eichennachwuchs, oder, wenn solcher vorhanden, vermag derselbe oft dem unter der Gunst der Verhältnisse sich schnell hebenden Bestande nicht zu folgen und verschwindet theilweise ebenso schnell, als er erschien. Auch in Nadelholzbeständen, wo sich im Allgemeinen voraussetzen läßt, daß die Bodenverhältnisse der mehr zufällig auftretenden Eiche nur in so geringem Grade zusagen, daß sie ohne die mitwirkenden Beihölzer gar nicht zu erziehen wäre, werden die Freistellungen um so nöthiger, je mehr der Forstwirth darauf angewiesen ist, bei den von Jahr zu Jahr sich steigernden Bedürfnissen an nutzbarem Eichenholz, selbst den der Eiche weniger zusagenden Standort zu ihren Gunsten auszubeuten.

Bei allen diesen Operationen kann nie das Interesse der Gegenwart, sondern nur das der Zukunft leitend sein; der Landmann säet heute und erntet schon in wenigen Monaten, düngt heute den Boden und genießt die Früchte davon schon in wenigen Jahren, der Forstmann aber säet und pflanzt nicht für sich, sondern für die Nachwelt und erntet das, was eine frühere Generation ihm sorgsam überlieferte.

Mancher müßig im Walde umherwandernde Waidmann mag sich vielleicht dadurch von der sorgsamen Eichenpflege abhalten lassen, weil er die Erfolge seiner Leistungen für zu geringfügig anschlägt, dabei aber nicht bedenkt, welche Vortheile dem Waldvermögen eines Staates, wie Preußen, erwachsen, wenn jeder Einzelne das Seinige dazu beiträgt. Unser Staat zählt vielleicht über 4000 Förster, Hülfsaufseher und Lehrlinge; pflegt jeder derselben nur täglich **eine** Eiche mit Erfolg, so werden unseren Wäldern **jährlich** gegen **1½ Million** hoffnungsvolle Eichensprößlinge zugeführt, und ein Mangel an Eichenholz, wie er gegenwärtig obwaltet, wird unseren Nachkommen fremd sein.

Das hier Gesagte enthält nur Andeutungen für das weite und schöne Feld der Thätigkeit des sorgsamen Waldpflegers, und ist beispielsweise noch nicht auf die Fälle hingewiesen, wo hier und da an einem Waldwege, an einer Blöße, und selbst kleineren Lichtstelle eine vereinsamte, junge, lebenskräftige Eiche durch einen überhängenden Ast, einen haltlosen Kernwuchs, oder wuchernden Stockausschlag gedrückt wird, deren Beseitigung dem vorübergehenden Förster mit dem Gefühl der Befriedigung erfüllen muß, wenn ihn später der Schritt wieder an diese einsame Stelle führt, wo das einst kümmernde Eichenstämmchen jetzt kühn seinen Wipfel gen Himmel richtet, gleichsam zum Dank für die einst gespendete Pflege.

Der Förster, den täglich seine Schritte in den Wald führen, kann in fraglicher Beziehung oft mehr für dessen Nachhaltigkeit wirken, als gelehrte Abhandlungen und Bogen mit Ertragsberechnungen und Formeln. Seine Anstrengungen in den oft fast undurchdringlichen Dickungen treten freilich nicht so zu Tage, sie füllen nicht die Spalten der forstlichen Zeitschriften und Bücher, sie werden oft auch nicht anerkannt und belohnt. Die Liebe für den gewählten schönen Beruf, die Gefühle der Befriedigung, die den Arbeiter bei seiner Arbeit begleiten, und das freudige Gedeihen der vielen Pfleglinge, dies alles ersetzt reichlich, was sonst vielleicht versagt wird.

III.

Das Schneideln der Eiche[1]).

Das Schneideln der jungen Eichenwüchse in natürlichen Schonungen und Culturen, worüber hier zunächst, und vorläufig unter Ausschließung des Verfahrens in den Kämpen, gehandelt werden soll, erfolgt in der Zeit, wo dieselben der Hand noch nicht entwachsen sind[2]), mittelst Einstutzens und theilweiser Entfernung der Aeste und des Wipfels, und zwar neben der event. gleichzeitigen Läuterung und Freistellung der Wüchse von verdämmendem, anderem Gehölz in gemischten Beständen, worüber bereits auf Seite 26 f. gehandelt wurde.

Es wird durch diese Operation auf normale, stufige Schaftbildung hingewirkt, der Höhen- und Stärkewuchs auffallend befördert und eine lebhaftere und gleichmäßigere Saftbewegung hervorgerufen, in Folge deren krankhafte Stellen oder Wunden in der Rinde schnell überwallen, und mit Moos bewachsene oder Flechten überzogene Stämmchen ein gesundes, glattes Aeußere annehmen.

Hinsichtlich der praktischen Ausführung des Verfahrens lassen sich auf alle Verhältnisse passende Vorschriften nicht geben, da Standort, Klima 2c., besonders bei der Eiche, sehr viele abnorme Schaft- und Wipfelbildungen hervorrufen. Von diesen können hier nur die am häufigsten anftretenden, sowie diejenigen Formen berücksichtigt werden, auf welche sich die meisten Erscheinungen zurückführen, oder nach denen sie sich behandeln lassen.

Eine Hauptbedingung für Ausführung von Schneidelungen bleibt immer eine richtige Beurtheilung der lokalen Verhältnisse und Einwirkungen, welche sich am sichersten durch längeres Beobachten der Lebensweise und Entwicklung geschneidelter Eichen erwerben läßt. Wer daher mit Lust und Liebe zur Sache schneidelt, wer die Operation als eine angenehme, belehrende und nütz-

---

1) Diese Operation, welche zuerst in der Königl. Oberförsterei Neunkirchen mit großem Erfolg angewandt wurde, wird dort mit dem Namen „Spornschnitt" bezeichnet.

2) Die Eiche ist so lange in diesem Sinne als der Hand noch nicht entwachsen zu betrachten, als deren Wipfel, ohne die Spannkraft zu sehr auf die Probe zu stellen, durch Herunterbiegen noch zur Hand zu bringen ist.

liche Unterhaltung betrachtet, und wer nicht mechanisch, sondern mit Ueberlegung arbeitet, der wird nach dem hier Gesagten sich selbst Regeln für sein Verfahren bilden.

Das Schneidelungsverfahren läßt sich in drei Hauptoperationen zerlegen, nämlich: den Zweigschnitt, den Schaftschnitt und den Wipfelschnitt, die nun im Einzelnen behandelt werden sollen.

1. Der Zweigschnitt.

Dieser hat den Zweck, die Saftconsumtion durch die Zweige zu vermindern und daher eine angemessene Saftquantität, zum Zwecke der Höhenentwicklung, nach dem Wipfel zu leiten.

Fig. 8.

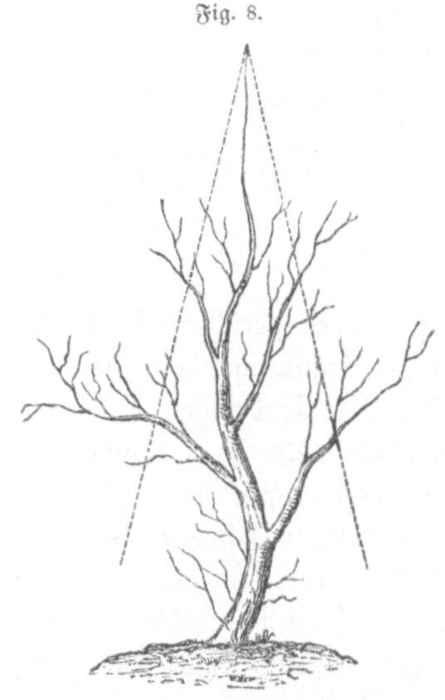

Derselbe wird analog dem allgemein bekannten Pyramidenschnitte (Fig. 8) ausgeführt, indem man, von unten anfangend, die nicht dem Schaftschnitt (s. dort) zu unterwerfenden Aeste derart einstutzt, daß der so geschneidelte Stamm mit der Peripherie seiner Zweige die Form eines Kegels bildet.

Soll die Schneidelung genau nach Vorschrift vorgenommen werden, was nur im Einzelnen und besonders in Kämpen (s. dort) ausführbar ist, so muß hier der Schnitt über einem Auge oder Triebe erfolgen (Fig. 9), jedoch läßt sich im ausgedehnteren Betriebe diese Regel nicht so innehalten, und genügt es daher im Allgemeinen, wenn der Ast nur in soweit gekürzt wird, daß eine oder mehrere Knospen, schlafende Augen, oder junge Triebe an dem der Eiche belassenen Aststummel, als künftige Saftconsumenten verbleiben, wodurch dessen Absterben verhindert, Nachtheile für den Schaft durch Verwundung und Einfaulen vermieden, und einem übermäßigen Saftandrang nach dem Wipfel vorgebeugt wird. Was die **Richtung** der Schnittfläche anlangt, so gebe ich derselben die des überschnittenen Astes, Triebes oder der überschnittenen Knospe, (Fig. 9 a. b. c.) wodurch die Vernarbung der Wunde begünstigt wird. Die

Fig. 9.

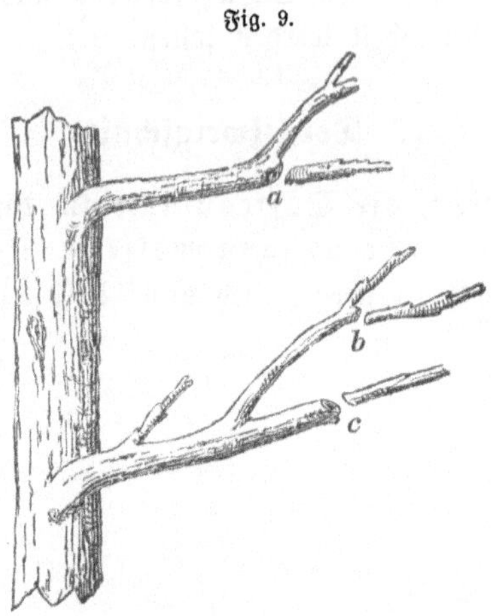

Einwendungen, daß die nach oben gerichtete Schnittfläche (Fig. 9 c) das Auströpfeln des Saftes weniger begünstigt, als die nach unten gerichtete (Fig. 9 a b), während jene wieder das Eindringen des Regenwassers zwischen Splint und Rinde eher möglich macht, als diese, kommen meiner Ansicht nach hier nicht in Betracht, da, wie schon angedeutet, die Wunde leichter überwallt, wenn sie der Richtung des überschnittenen Astes ꝛc. folgt.

Ob der Schnitt stärker oder schwächer, also mit Zurücklassung längerer oder kürzerer Asttheile, auszuführen ist, richtet sich hauptsächlich nach der Individualität des Stämmchens, obgleich auch Nebenumstände dabei mitsprechen. Reiche Beastung, kräftige Schaftentwickelung und überhaupt armer Boden und ungünstiger Standort, wo man am wenigsten Gefahr läuft, daß das Stämmchen in Folge übermäßiger Saftmenge sich überwächst, gestatten schon einen stärkeren Schnitt. Doch muß im Allgemeinen vor letzterem gewarnt werden, denn rankenähnliches Aufschießen der Höhentriebe, übermäßige Beastung des Wipfels, zur Erde sinken und selbst Herunterbrechen der Krone bei Duft- und Schneeanhang, mangelhafte Verholzung der neuen Triebe und Heranbildung von Miß- und Struppenwüchsen sind die nicht seltenen Folgen davon. Man schneide daher lieber zu schwach, als zu stark, bis die Hand geübt und vor Fehlgriffen mehr gesichert ist.

2. Der Schaftschnitt.

Dieser hat den **Zweck** der Beseitigung solcher Aeste oder Gabelbildungen, dicht am Stamme, welche eine unregelmäßige Schaftbildung begünstigen, oder zu starke Saftconsumenten sind.

Derselbe erstreckt sich hauptsächlich

a. auf Wegschneiden aller starken Aeste, also solcher Aeste, die der Stärke des Schaftes fast gleichkommen, insoweit dadurch der Pflanze nicht zu viel Holz geraubt wird. Hierbei ist die Beurtheilung eines normalen Beastungsgrades nach den lokalen Verhältnissen zu bemessen, und richtet sich solche nach dem Wuchs, Standort und der vorhandenen Beastung des Stämmchens, in welcher Hinsicht demnach Folgendes besonders zu berücksichtigen sein wird:

Aelteren Loden, mit rissiger und von Flechten überzogener Rinde, nehme man soviel als möglich alle nur entbehrlichen starken Aeste, da spätere Wunden schwieriger und unvollkommener vernarben, als bei der ersten Schneidelung und dem darauf eintretenden Saftumlauf.

Im Wipfel der Eiche wirken starke Aeste nachtheiliger auf die Schaftentwicklung, als am Fuße, sind daher dort sorgfältiger zu beseitigen.

Verkrüppelter Wuchs wird durch starke Aeste sehr begünstigt und nimmt dies mit steigendem Alter in hohem Grade zu, weshalb deren rechtzeitige Beseitigung nothwendig wird.

Der Waldschluß veranlaßt geringe Beastung, welche sich meist nur in einzelnen starken Aesten äußert, und hier wird deren Erhaltung, event. bloßes Verkürzen, um so nöthiger, wenn der Schaft unselbstständig ist und einer Kräftigung bedarf.

Wenn bei reicher Beastung zu viel starke Aeste sich gebildet haben, so entfernt man letztere am besten sämmtlich und führt dafür den äußeren Zweigschnitt schwächer, wenn es nicht vortheilhafter erscheint, die schwächeren, der Schaftform nicht nachtheilig werdenden Aeste ungekürzt zu lassen. Schlimmsten Falls überlasse man auch bei in Aussicht stehendem Schluß der Natur die Reinigung des Schaftes, was freilich unter Umständen sehr lange und mit Nachtheilen für letzteren auf sich warten läßt, aber immer noch besser ist, als gleich von vorn herein das Stämmchen durch gewagte Behandlung einer unsicheren Zukunft Preis zu geben. Ebenso ist wo möglich eine gleichmäßige, correspondirende Beastung durch den Schnitt zu erstreben, um das Gleichgewicht des Stämmchens und einen normalen Saftumlauf zu erzielen.

Bei directen und beständigen Einwirkungen des Sonnenlichtes erscheint die Erhaltung einer möglichst vollen und schützenden Beastung zweckmäßig. Nächst der Buche leidet wohl von unsern einheimischen Waldbäumen eine an Schatten gewöhnte Eiche, obgleich sonst in hohem Grade Lichtpflanze, am meisten durch schnellen Lichtwechsel, jedoch kennzeichnet sich dies nicht so auffällig, als bei der Buche, durch Aufspringen der Rinde, sondern mehr durch allgemeines Kümmern und selbst Absterben des Stämmchens. Alte Eichen, deren Fuß man plötzlich des deckenden Schutzholzes beraubt, werden wipfeldürr und ersetzen beim wieder heranwachsenden Bodenholz den alten abgestorbenen

Wipfel meist wieder. Aehnlich kann es der jungen Eiche gefährlich werden, wenn man die niedrig sitzenden, den Fuß deckenden Aeste entfernt, und dem Sonnenlicht directer und permanenter Zutritt gestattet wird.

b. Auf Beseitigung von Gabelbildungen[1]), welche in verschiedenen Formen, bald mehr, bald weniger ausgebildet, eine sehr häufig auftretende Erscheinung bei der Eiche sind.

Hat sich die Gabel vollständig und gleichmäßig entwickelt, so entscheide man sich, mit Außerachtlassung aller sonstigen Rücksichten, stets für Beibehaltung desjenigen Triebes, dessen Wipfel am besten verholzt ist und die kräftigsten Knospen trägt, während der andere, weniger geeignete Trieb dicht und glatt am Schafte zu beseitigen ist. Sind hingegen beide Gabeln in ihren Endtrieben gleich günstig oder ungünstig entwickelt, so entscheiden Wuchs und Richtung zu Gunsten der späteren Stammform.

Bei ungleichmäßiger Entwickelung der Gabeltriebe, wenn also einer derselben mehr dominirt, behalte man diesen letzteren als bleibenden Schaft bei. Ist nur ein Ansatz zur Gabelbildung entstanden, so ist derselbe möglichst dicht am Schafte zu beseitigen, besonders wenn er mehr im Wipfel auftritt, da solche unmerkliche, oft nur durch ein oder mehrere kleine Triebe vertretene Gabelansätze, nach erfolgter Schneidelung und vermehrtem Saftandrange nach oben, oft so üppig sich entwickeln, daß sie den Höhentrieb noch überwachsen und eine vollständige Gabel herstellen, im günstigsten Falle aber in der Regel Schaftkrümmungen befördern oder den Höhenwuchs hemmen.

Aehnlich den Gabeltrieben findet man im rauhen Klima sehr häufig sogenannte Schaftfortsetzungen, welche dadurch entstehen, daß der Höhentrieb während seiner Entwickelung durch Frost, Insecten, Druck ꝛc. gestört wird, und dann gezwungen ist, einer tiefer sitzenden Seitenknospe, oder auch einem schon vorhandenen Seitenaste die neue Wipfel- und Schaftbildung zu überantworten. Solche sind ebenfalls möglichst, wenigstens wo man den Operationen mehr Sorgfalt widmet, zu beseitigen, und zwar gleichviel, ob sie noch productionsfähig oder schon abgestorben sind. Im ersteren Falle bilden sie sich bei vermehrtem Saftandrange, wie er nach dem Schneideln eintritt, mehr aus, befördern Schaftkrümmungen, entwickeln sich zu Gabeln, oder tragen zu verzweigter Schaft- und Kronenbildung bei; im letzteren wachsen sie nach und nach in den Schaft ein und verursachen Fäulniß oder schadhafte Stellen in noch gesundem Holze.

Zusammengesetzte Gabeln von drei und mehr Trieben, entstehen aus Knospenquirlen, an denen, in Folge Insektenstiches ꝛc., der mittelständige Trieb

---

[1]) Die gabelförmige Schaftbildung ist besonders im rauhen Klima, wo die mittelständige Quirlknospe durch Fröste oder Insekten zerstört wird, und dann zwei oder mehrere Seitenknospen zugleich die Wipfelbildung übernehmen, eine sehr gewöhnliche Erscheinung bei der Eiche.

nicht zur Ausbildung gelangte. Auch hier ist nach den allgemeinen Regeln nur ein Trieb zu conserviren und die Entfernung aller übrigen nöthig.

Wenn auch zugegeben werden muß, daß beim ausgedehnteren Schneidlungsbetriebe in Beständen alle die kleinen Schaftcorrecturen leider nicht immer Berücksichtigung finden können, so dürften solche doch bei den Operationen in Pflanzkämpen leichter ausführbar sein, und da erfolgreich wirken, wo starke Heister oder Alleebäume erzogen werden sollen. Hauptsächlich die Gabelbildungen bedürfen beim Schaftschnitt der größten Aufmerksamkeit, denn sie bringen, selbst noch im Entstehen begriffen, aber durch den Schnitt zu neuer Thätigkeit angeregt, sehr oft Mißwüchse hervor, was ja der Wald dem aufmerksamen Beobachter täglich vor die Augen führt.

c. Auf Beseitigung solcher Aeste oder schwächeren Triebe, welche an einem Knick oder einer Krümmung des Schaftes nach der äußeren Seite hin entspringen, wie in Fig. 10 die Zweige a und b, welche die Schaftkrümmungen

Fg. 10.

sehr befördern. Die etwa an der innern Seite solcher Krümmungen sich befindenden Aeste oder kleineren Triebe sind dagegen sorgfältig in ihrer ganzen Länge zu erhalten, weil dieselben den steigenden Saft mehr nach sich hinleiten, wodurch hier ein stärkerer Zuwachs der Jahresringe erfolgt und somit die Krümmung auffällig schnell verwächst. (Siehe Fig. 10 c und d.)

3. Der Wipfelschnitt.

Dieser hat den Zweck der Aussonderung eines bestimmten Triebes und einer bestimmten Knospe, welche die Bildung des künftigen Höhentriebes zu übernehmen gezwungen sind.

Die Operation zerfällt demnach in die Isolirung einer Höhentriebsknospe und die eines Höhentriebes.

a. Die Isolirung einer Höhentriebsknospe kann auf zwei verschiedene Arten zur Ausführung kommen und zwar entweder

α. durch Ausbrechen der Seitenknospen des endständigen Quirls am Wipfeltriebe, so daß die mittelständige Quirlknospe zur Erzeugung des neuen Höhentriebes isolirt wird. In Fig. 11 ist a die isolirte Mittelknospe und sind c c die verbrochenen Seitenquirlknospen oder

β. durch Wegschneiden des ganzen endständigen Quirls am Wipfeltriebe über einer kräftigen, vollständig verholzten Seitenknospe, so daß die Richtung des Schnittes der Richtung der überschnittenen Knospe folgt. In Fig. 12 ist a die überschnittene Seitenknospe, welche die Bildung des neuen Höhentriebes übernimmt.

Fig. 11. Fig. 12.

Tritt der im rauhen Klima nicht seltene Fall ein, daß der Quirltrieb im Wipfel nicht genügend verholzt ist, oder daß ein Mißverhältniß in der Stärke der Quirltriebe zum Muttertriebe hervortritt, oder aber, daß keiner von jenen zum Höhentriebe recht geeignet erscheint, so muß natürlich in den Frühjahrstrieb oder in noch älteres Holz zurückgeschnitten werden, um hier eine ganz geeignete Seitenknospe (Fig. 13 a) zu isoliren, welche die Production des neuen Höhentriebes übernimmt.

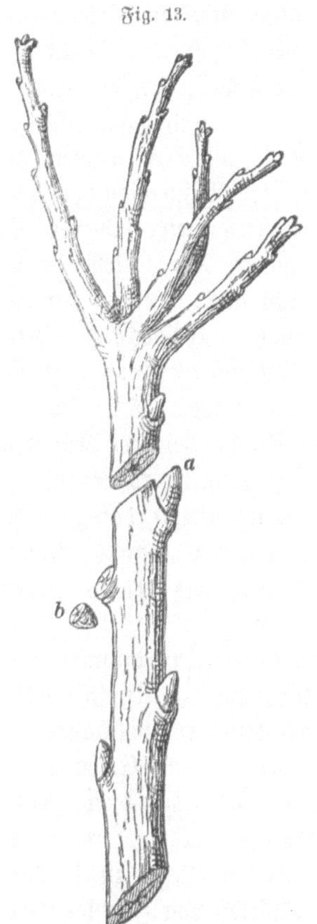

Fig. 13.

Mitunter wird es allerdings im älteren Holze an geeigneten, vollkommenen Knospen fehlen, in diesem Falle wird aber oft ein geeigneter Seitenast einen Ausweg bieten, der dann als Wipfel zu behandeln ist, worauf ich später noch zurückkomme.

In allen diesen Fällen haben die durch die Operation am Wipfel entstehenden Wunden nicht den geringsten Nachtheil für das Stämmchen. Durch das Verbrechen der Quirlknospen entsteht nur an der betreffenden Stelle bei der Entwickelung des neuen Höhentriebes eine Verdickung der Rinde, während beim Ueberschneiden der Seitenknospen geringe Narben im Laufe des ersten Jahres sichtbar bleiben, die bald vollständig verwachsen und weder äußerlich, noch innerlich eine Spur zurücklassen.

Ist auf die eine oder andere Weise die Isolirung der Höhentriebsknospe nach oben hin erfolgt, so ist dieselbe in vielen Fällen auch nach unten hin dadurch fortzusetzen, daß eine oder mehrere der zunächst stehenden Seitenknospen entfernt und am geeignetsten mit dem Nagel des Daumens ausgebrochen werden. (s. Fig. 11 b, 12 b und 13 b.)

Diese Maßregel ist da anzuempfehlen, wo, im rauhen Klima, unter ungünstigen Bodenverhältnissen, bei übermäßiger Beastung, und bei den in Folge Druckes oder Ueberschirmung im Wuchse stockenden Eichen, am äußersten Wipfeltriebe ein so gedrängter Knospenstand entsteht, daß dadurch schirmförmige und verzweigte Kronenbildung veranlaßt wird. Selten aber, wie man hier und da behauptet, leidet der stufige Wuchs der Pflanze durch diese Operation, wenn sie nur richtig ausgeführt wird, event. nur solchen Orts in Anwendung kommt, wo es die Zukunft der zum Mißwuchs so sehr geneigten Eiche unbedingt fordert.

Im rauhen Klima und armen Boden entwickelt sich nicht nur bei den durch Umschulen gestörten Kamppflanzen, sondern auch bei älteren Kern- und Stockloden, an den Endtrieben oft ein so gedrängter Knospenstand, daß die durch die Stellung der Knospen bezeichnete Spirallinie nicht selten auf einem Zoll der Trieblänge zwei Windungen beschreibt, also dabei sechs Knospen producirt hat, da bei der Eiche stets die sechste Knospe in gerader Linie über der ersten steht. Bei solchen und überhaupt allen Knospenständen, bei denen auf einem Zoll der Trieblänge mehr als ein bis zwei Knospen erscheinen, und wobei oft die isolirte Knospe mit der nachfolgenden fast in gleicher Höhe steht, erscheint das Verbrechen der unterständigen Seitenknospe nothwendig, wenn man eine normale Kronenbildung erlangen will. Sollte wider Erwarten die zur Höhenentwickelung bestimmte Knospe in Folge äußerer Beschädigung ihren Beruf nicht erfüllen, so muß dieselbe allerdings durch eine tiefer sitzende Seitenknospe vertreten werden. Dies wird aber durch die in Frage stehende Operation um so weniger ausgeschlossen, als ja eben nicht alle, sondern nur einzelne Knospen in gewissen Fällen verbrochen werden sollen. Übrigens rechtfertigt sich das Entfernen von Knospen ebenso wohl, wie das Entfernen von Aesten, was doch erfahrungsmäßig als Nothwendigkeit anerkannt wird. Die Natur giebt ja schon an jeder Eiche einen Fingerzeig für das Ausbrechen der Knospen, indem viele derselben nicht zur Entwickelung kommen, sondern absterben. Wenn man nun durch die Schneidelung der Natur derart entgegenwirkt, daß alle Knospen zur Entwickelung getrieben werden, so schafft man damit etwas Abnormes, dem da, wo es Nachtheile zur Folge haben kann, durch das Knospenverbrechen begegnet werden muß.

Bezüglich der Anwendung der beiden verschiedenen Operationen der Isolirung einer Höhentriebsknospe ist noch zu bemerken, daß das Knospenverbrechen nur bei solchen Endquirlen stattfinden darf, deren Knospen vollständig ausgebildet sind, so daß also die isolirte mittelständige Knospe zur Erzeugung eines neuen und kräftigen Höhentriebes fähig ist. Sie darf auch durch das Ausbrechen der seitenständigen Quirlknospen nicht verletzt werden, was bei nicht ganz reifen und vollständig entwickelten Knospen in der Regel zu fürchten ist. Das Verfahren wird daher meist bei endständigen Quirlen von Frühjahrstrieben[1]) und im Allgemeinen im milden Klima[2]) Anwendung finden, und ist besonders im reifen Holze, wo die Knospen leicht aus dem Keimbett springen, eine durchaus nicht zu mühsame Operation. Beim gelegentlichen Durchgehen älterer Schneidelungen, wo man öfter auf Pflanzen stößt, die keine genügenden Höhentriebe entwickelt haben, kann man durch das Verbrechen der Quirle leicht und schnell, ja fast im Moment des Vorbeigehens, die Höhentriebsknospe von Neuem isoliren, was oft gewiß versäumt werden würde, wenn man bei so einzelnen

[1]) Einjährige Eichen im rauhen Klima, auch oft ältere, setzen mitunter keinen Johannistrieb an und beschränken sich nur auf einen Jahrestrieb.

[2]) Im milden Klima verholzen die Johannistriebe meist bis zum Eintritt des Winters vollkommen, was im rauhen Klima, besonders bei ungünstigen Jahren, oft nur ausnahmsweise der Fall ist.

und gelegentlichen Fällen erst mühsam Messer oder Scheere zur Hand nehmen müßte, um den Quirl zurückzuschneiden. Oft begegnet man bei den Operationen auch Höhentrieben, wo sich die mittelständigen Quirlknospen besonders kräftig entwickelt haben, während die unterständigen Seitenknospen unvollkommen sind, und kaum aus der Rinde hervorragen. Hier wird das Quirlverbrechen nicht nur nothwendig, sondern ist auch am naturgemäßesten und macht nicht erst das lange mühsame Suchen nach einer, oft nicht vorhandenen geeigneten Seitenknospe nothwendig.

Das Zurückschneiden der Endquirle wird sich mehr auf Johannistriebe und überhaupt auf das rauhe Klima beschränken.

b. Die Isolirung des Höhentriebes erfolgt an demjenigen Wipfeltriebe, an welchem man bereits eine Knospe zur Produktion des neuen Höhentriebes isolirt hat.

Der äußerste Wipfeltrieb ist bei normal ausgebildeten jungen Eichen in der Regel derjenige Johannistrieb, welcher sich aus der mittelständigen Quirlknospe dominirend entwickelte. (Fig. 14a.) Hier ist die Isolirung desselben theilweise bereits durch die Natur dadurch bewirkt, daß sie ihn vorwüchsig gestellt, so daß die Kunst nur noch in sofern nachzuhelfen braucht, als das Einstutzen der Quirlseitentriebe (Fig. 14 b.) erfolgen muß. Dies geschieht womöglich über einer abwärts gerichteten Seitenknospe, um damit das Ueberwipfeln des Höhentriebes durch die entstehenden endständigen Seitentriebe der verkürzten Quirläste zu vermeiden. Hat sich aber der endständige Quirltrieb nicht normal, also ohne einen besonders dominirenden Höhentrieb, entwickelt, (Fig. 15) so wird der geeignetste Trieb desselben, wenn nicht etwa nach Figur 13 und dem dort Gesagten verfahren werden muß[1]), dadurch isolirt, daß die übrigen, auf gleicher Basis stehenden Quirltriebe dicht am isolirten Haupttrieb entfernt werden. (Fig. 15 b.)

Außer den so eben vorgeführten normalen Wipfelbildungen der Eiche kommen noch sehr viele Abweichungen vor, deren Behandlung übrigens für denjenigen nicht schwer fallen kann, der weniger nach geschriebenen Regeln, als nach eigener Anschauungsweise operirt und sich daher aus dem hier Gesagten weitere Anhaltspunkte ableitet.

Es bleibt hier noch die Frage zu erörtern, welche Triebe als genügend verholzt und demnach, im Sinne dieser Operationen, als zum Isoliren geeignet zu betrachten sind. Man nimmt im Allgemeinen an, daß solche Triebe, die noch im Winter eine blaugrüne Farbe zeigen und oft bis zum Frühjahre das

---

[1]) Es liegt kein Grund vor, den ganzen Quirltrieb zuückzuschneiden, analog Fig. 13, und somit die Pflanze zu zwingen, das Verlorene wieder zu ersetzen, sobald eine der vorhandenen Quirltriebe allen in fraglicher Hinsicht zu stellenden Anforderungen entspricht, und zwar um so mehr, als derselbe erfahrungsmäßig ohne Nachtheile und sehr schnell die übertragene Function übernimmt.

Laub beibehalten, bis zu den eintretenden Winterfrösten nicht genügend verholzen konnte. Ich habe jedoch die Beobachtung gemacht, daß diese, wie noch andere Kennzeichen (dunkelgefärbtes Mark) sehr trügerisch sind, da anscheinend ganz unreifes Holz dennoch oft im Stande ist, die schönsten Schosse zu produciren. Für am sichersten halte ich das Merkmal, daß, nach den eingetretenen

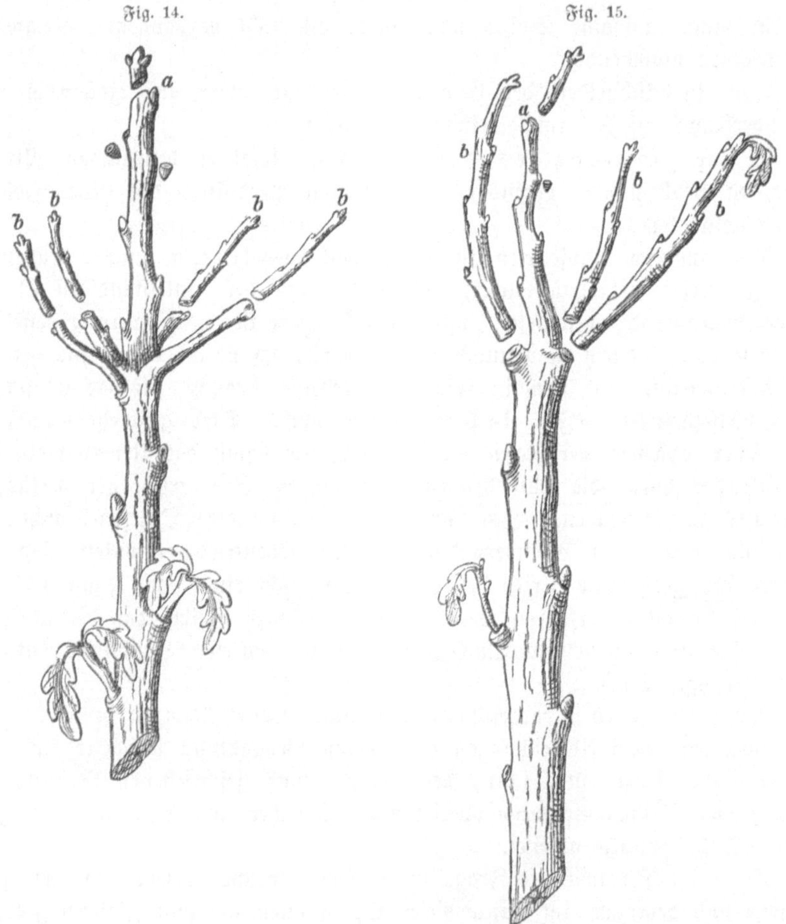

Fig. 14. Fig. 15.

stärkeren Winterfrösten, alle solche Triebe als nicht genügend verholzt zu betrachten sind, deren Knospen beim Ausbrechen noch an der Rinde hängen bleiben und einen Theil des äußern Splintes mit ablösen. Dieses probeweise Ausbrechen bewirkt man am besten mit dem Nagel des Daumens, wobei man oft finden wird, daß an ein und demselben Triebe die endständigen Knospen unreif sind, während die mehr schaftständigen, früher entwickelten, leicht aus dem Keimlager herausspringen, so daß also der Trieb nur theilweise als verholzt anzusehen ist. Rathsam ist es immer, bei der Isolirung der Höhentriebsknospe in irgend zweifelhaften Fällen lieber etwas tiefer und in ganz gesundes Holz zurückzuschneiden, damit man nicht Gefahr läuft, den Erfolg der Operation in Frage zu stellen. Richtig geschneidelte Eichen ersetzen den genommenen Höhentrieb um so vollkommener, je kräftiger die producirende Endknospe ist. —

Im Vorhergehenden ist versucht worden, die Operationen des Schneidelns nach ihrer praktischen Ausführung in der Hauptsache unter bestimmte Regeln zu bringen, es bleiben daher noch diejenigen besonderen Anhaltspunkte anzudeuten, welche eine längere Praxis im Walde nach und nach an die Hand giebt.

Freistehenden und stufig gewachsenen Eichen, bei denen die Operation stets die besten Erfolge zeigt, kann man, sowohl beim Zweig-, als Schaftschnitt ziemlich viel bieten, während bei schlank aufgeschossenen, mehr oder weniger mit hochgenommenen, nach Licht strebenden Individuen mit der größten Vorsicht und meist nur durch den Wipfelschnitt zu operiren ist, oder unter Umständen alles Schneiden unterbleiben muß. Selbst ganz verwachsene und zu Struppenwüchsen entwickelte junge Eichen, wie solche in Höhenlagen durchaus nicht zu den Abnormitäten gehören, vermag der Schnitt wieder zu wuchskräftigen normalen Pflanzen umzubilden.

Auch stärkere, bis zu dreißig Fuß hohe, ganz verstruppte Stämme, die im Freistande bis zum Fuße sich stark beasteten, habe ich versuchsweise, unter Anwendung von Leitern und Verlängerungswerkzeugen, geschneidelt und die schönsten und überraschendsten Erfolge in Bezug auf die Höhenentwickelung erzielt, hinter denen die Resultate des Aufästens (siehe dort) bei gleichen Verhältnissen weit zurückblieben. In der Praxis ist dies jedoch nicht immer ausführbar; auch vermag die Schneidelung auf die Schaftform nicht derart einzuwirken, wie es das Aufästen stets zu Wege bringt.

Ganz verkommene und in Folge wiederholter Fröste strauchartig entwickelte ältere Kernstämme setze man auf die Wurzel[1]) und behandele den Ausschlag nach den weiter unten gegebenen Regeln über Schneidelung von Stock- und Wurzelloden.

An die oben gegebenen Erörterungen der Freistellungs- und Läuterungsoperation zu Gunsten der Eiche schließt sich die wichtige Frage, ob und in welcher Weise und Ausdehnung mit jener Bestandespflege in jüngeren Orten, in denen der Gipfel der Eiche noch zur Hand zu bringen ist, noch eine Schneidelung verbunden werden kann. Es lassen sich hierfür ganz spezielle Andeutungen nicht geben, da das betreffende Individuum selbst dem geübten Auge am besten zu

---

1) Solche, im Wuchs gewaltsam zurückgehaltene Eichen führen in der Regel ein verhältnißmäßig sehr vollkommenes Wurzelsystem und schlagen, auf die Wurzel gesetzt, sehr kräftig aus, so daß eine hiervon erzogene zweijährige Lode fast immer die oft zehnmal ältere, abgehauene Mutterlode im Höhenwuchs übertrifft.

erkennen geben wird, ob es neben dem erlittenen Lichtwechsel auch noch eine theilweise Beraubung seiner oberirdischen Lebensorgane, zu Gunsten der Höhenentwickelung, ohne Nachtheile hinnehmen kann.

In allen den Fällen, wo die Eiche in ihrer Schaft- und Höhenentwickelung durch die, in der Hauptsache aus Schattenhölzern bestehende Umgebung so stark eingeschränkt wurde, daß deren Selbstständigkeit in Frage tritt und deren Reproduktionskraft durch unfreiwillige Höhentriebe erschöpft wurde, würde einerseits eine Schneidelung ohne Erfolg bleiben und anderseits eher zum Nachtheile, als zum Vortheile der Eiche ausschlagen. Hier muß dieselbe also gänzlich unterbleiben, und ist das Geschick der Eiche lediglich den Wirkungen der nöthigenfalls wiederholt vorzunehmenden Freistellungen zu überlassen.

In denjenigen Fällen, wo sie durch den Druck der überwiegend durch Lichthölzer gebildeten Umgebung nicht unnatürlich in der Astentwickelung beschränkt gewesen, kann die Eiche in der Regel nach einem oder zwei Jahren durch einen vorsichtigen Wipfelschnitt zum Höhenwuchs animirt werden, wenn ihre voller werdende Belaubung und die sich zeigenden Höhentriebe auf genügende Lebenskraft und darauf schließen lassen, daß die Katastrophe des Lichtwechsels in ihren nachtheiligen Folgen überwunden worden ist. Hier wirkt jedoch der Schnitt nur in geringem Grade, hat auch hauptsächlich nur den Zweck, der Eiche d a den Fingerzeig zur Bildung eines neuen Höhentriebes zu geben, wo sie bei starker Kronenverzweigung nicht selbst schnell eine Entscheidung zu treffen vermag. Nur solchen Orts ist mit der Freistellung auch zugleich eine unbeschränkte Schneidelung zu verbinden, wo die Eiche, in der Regel auf kleineren Blößen, an Wegen und Bestandesrändern, oder in sehr lockerem Stande stufig und kräftig sich entwickelt hat, wo aber ihr Wachsraum durch überhängende und dann zu beseitigende Aeste, oder durch wuchernde, dann auszuhauende Stockausschläge m o m e n t a n beengt war. Hier wird ein richtig geführter Schnitt unfehlbar Dienste leisten und in kurzer Zeit die Eiche jeder weiteren Gefahr entheben.

Bei den häufig vorkommenden Reinigungs- und Läuterungshieben in Umwandlungsorten, wo die Eiche theils zufällig noch aus früherem unbeachtetem natürlichen Aufschlag erscheint, theils absichtlich übergehalten wurde und in beiden Fällen bei pfleglicher Behandlung noch eine Zukunft verspricht, schneidele man kurz vor und kurz nach den Hiebsoperationen n i e, sondern warte damit mehrere Jahre, bis das Individuum den plötzlichen Lichtwechsel überstanden und sich erholt hat, was sich daran erkennen läßt, daß Zweige und Wipfel wieder merkliche Triebe ansetzen und daß sich am Schaft eine neue Astbildung zeigt. Ein vorsichtiger Wipfelschnitt wird hier in den meisten Fällen genügen.

In reinen, künstlichen oder natürlichen Eichenkulturen ist im Allgemeinen die Schneidelung weniger anwendbar und die Wirkung, welche dadurch hervorgebracht werden soll, besonders unter besseren Bodenverhältnissen, vielmehr dem Einflusse des Waldschlusses zu überlassen. Auf ungünstigem Standort kann durch den Schnitt nur auf einzelne oder so viel Stämme eingewirkt werden, als vor der Haubarkeit wieder in Schluß treten mögen[1]). Die Schneidelung wird hier zwar mühsam, doch kann sie, mit fernerer Bestandespflege verbunden, das wieder gut machen, was frühere Mißgriffe bei der Bestandesanlage verschuldet haben.

In gemischten Schonungen kann aber die Schneidelung nicht dringend genug empfohlen werden, selbst wenn sie sich nur auf ganz einzelne Individuen beschränken müßte. Ebenso sollten in Buchenorten, wo die nicht selten zufällig auftretende Eiche gerade in der Jugend, so lange sie der Hand noch nicht entwachsen ist, durch Drängen und Voreilen der Buche oft viel zu leiden hat, selbst Geldopfer da nicht gescheut werden, um ihr durch Pflege zu Hülfe zu kommen, wo die Hand des Försters allein nicht genug wirken kann. Es kann nicht schwer werden, diese Pflege allgemein durchzuführen, denn sie braucht nur verhältnißmäßig wenig Stämmen zugewendet zu werden, um, trotz alles unvorhergesehenen Abganges schließlich auf dem Morgen wenigstens eine kleine Zahl von Stämmen für ein höheres Alter zu erhalten. Trotz dieser dringenden Nothwendigkeit ist es jedoch nicht rathsam, die Ausführung der Schneidelung unkundigen Händen anzuvertrauen, da dadurch leicht mehr geschadet als genutzt werden kann. Ich habe mich selbst in meinem früheren Reviere mehrfach bemüht, einen sonst brauchbaren Waldarbeiter zu diesen Operationen heranzubilden, bin aber nach mehrjähriger Erfahrung zu der Ueberzeugung gelangt, daß derartige Lohnarbeiter selten das richtige Verständniß erlangen, ihnen überhaupt, mit wohl seltenen Ausnahmen, die Liebe zur Sache fehlt; sie arbeiten gleichgültig und mechanisch, um die Zeit hinzubringen; was nachher aus der Eiche wird, das kümmert sie wenig.

Das Schneideln soll demnach im Sinne der hier angegebenen Art und Weise weniger für Lohnarbeiter, als für den sachkundigen Schutzbeamten, den die Liebe zu seinem Fache schon zu der angenehmen und nützlichen Beschäftigung treiben muß, ein Feld der Thätigkeit bieten. Die Ausführung des Verfahrens in Kämpen, wie es weiter unten noch erläutert werden wird, fordert größtentheils wohl nicht mehr Zeit, als solche die Mußestunden des Beamten bieten, und es

[1]) Es sei hier einer kleinen Versuchstelle Erwähnung gethan, die ich früher in einer circa 20 Jahr alten Rillensaat, (reine Eichen auf flachem Thonschiefer) die sehr schlechten Wuchs zeigte und trotz des hohen Alters der Hand noch nicht entwachsen war, auf einer kleinen Fläche mit recht gutem Erfolge ausführte. Gegen Ueberlassung des abfallenden, unverwerthbaren Materials ließ ich in den dichtbestandenen Saatrillen eine Art Durchforstung oder Läuterung der Art vornehmen, daß die unwüchsigen, strauchartigen Loden ausgehauen wurden und nur alle vier bis sechs Fuß eine zum Schneideln besonders geeignete stehen blieb. Diese Letzteren schneidelte ich sorgsam und schon 4 Jahre nach der ersten Operation waren sämmtliche übergehaltene Eichen bedeutend der Hand entwachsen, während der üppig erscheinende Stockausschlag einen wohlthuenden Bodenschutz gewährte, bald aber, nachdem er den Zweck der Bodendecke erfüllt hat und der Oberstand in Schluß getreten ist, in Folge Lichtmangels voraussichtlich verschwinden wird.

kann gelegentlich bei den Revierbegängen, selbst an Wildlingen, manches geschehen, um hier und da eine im Gemisch anderer Holzarten kümmernde Eiche vom Untergange zu retten. Auch in den älteren, oft schlechtwüchsigen Pflanzungen kann die pflegende Hand des Försters viel thun und da mit dem Messer oder der Astscheere nachhelfen, wo von der Natur die Mittel zum Gedeihen nicht geboten, oder die Folgen nicht zu überwinden sind, die von unkundiger oder roher Behandlung beim Versetzen der Pflanze herrühren. Nur wenn auf solche Weise die Schneidelung betrieben wird, ist wirklich nutzbringender Erfolg zu erwarten, und nur dann wird der Förster Freude an seinem eigenhändig geschaffenen Werke finden und gern und oft den Schritt in den stillen Wald, selbst in die unzugänglichsten Dickungen, lenken, wo häufiger, als an gebahnten Wegen, so manches verkrüppelte und unter dem Drucke schmachtende Eichenstämmchen seiner pflegenden Hand harret.

Um hier noch das bisher über das Schneidelungsverfahren Gesagte in seiner praktischen Anwendung zur Vermeidung von Mißgriffen möglichst zu verdeutlichen, ist eine kurze bildliche Darstellung beigegeben, in welcher hauptsächlich der Kronenschnitt, als die wichtigste und die meisten Abweichungen erleidende Operation, Berücksichtigung findet.

Die Zeichnung Fig. 16, eine normal entwickelte, im räumlichen Stande erwachsene Kernlode, zeigt uns auf den ersten Blick, daß sie einen ziemlich kräftigen Zweigschnitt schadlos hinzunehmen vermag. Der pyramidale Zweigschnitt (x) kann daher, ohne das Ueberwachsen der Lode fürchten zu lassen, ziemlich stark ausgeführt werden; die Isolirung der Höhentriebsknospe (a) erfolgt durch Wegschneiden des endständigen, nicht vollkommen verholzten Quirls und durch Verbrechen der zunächst stehenden Seitenknospe, während die tiefer sitzenden Seitenknospen weniger gefährlich erscheinen und daher für den Fall der Beschädigung der Endknospe zu deren Stellvertretung zu reserviren sind. Zum Zwecke der Isolirung des Höhentriebes und einer pyramidalen Kronenbildung, sind die zunächst stehenden Seitenäste über abwärts gerichteten Knospen (bb) zu kürzen, ganz analog den normalen, quirlständigen Wipfelbildungen. Der wipfelständige starke Seitenast ist durch den Schnitt bei c dicht am Stamme zu entfernen, was das Gleichgewicht der Krone begünstigt; ebenso der fußständige Saftconsument durch den Schnitt bei d. Der Gabelansatz e, sowie der schon kräftiger entwickelte Gabeltrieb f, sind nach Vorschrift zu Gunsten der Schaftform zu beseitigen, und ebenso der die Krümmung unterstützende Ast g, während die sorgfältige Conservirung der kleinen Saftleiter h und i zu Gunsten der Schaftbildung anzuempfehlen ist.

Fig. 17 zeigt einen durch den Frost vollständig reducirten Wipfel einer jungen Eiche, der bis auf einen gesunden Seitenast zurückzuschneiden ist.

Fig. 18. Die Störungen, welche dem ursprünglichen Höhentriebe d durch Insekten und Frost begegneten, haben den Seitenast e zur Uebernahme der Functionen jenes Höhentriebes gezwungen. Man folgt daher dem Fingerzeige

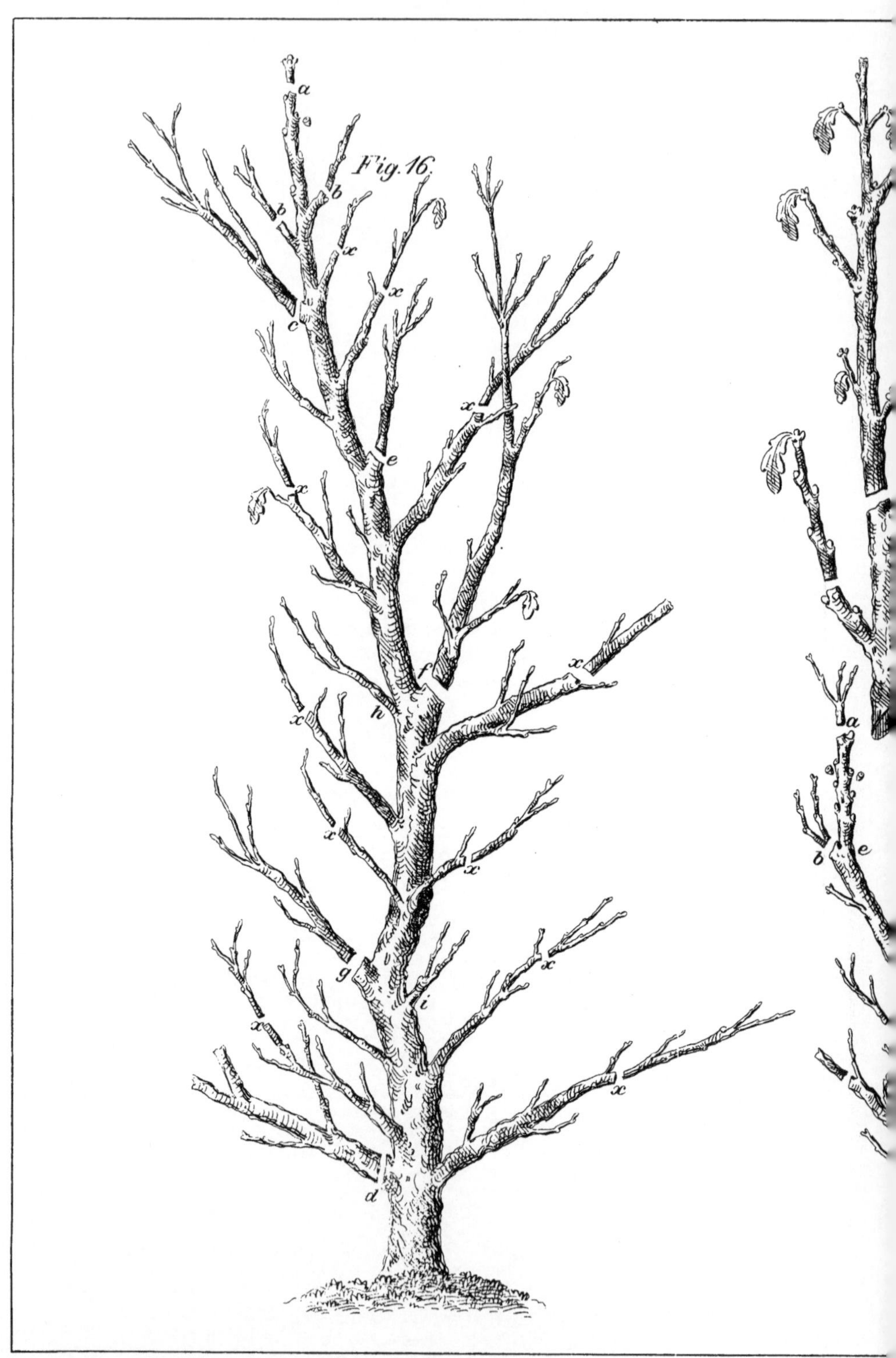

v. Schütz, Pflege der Eiche.

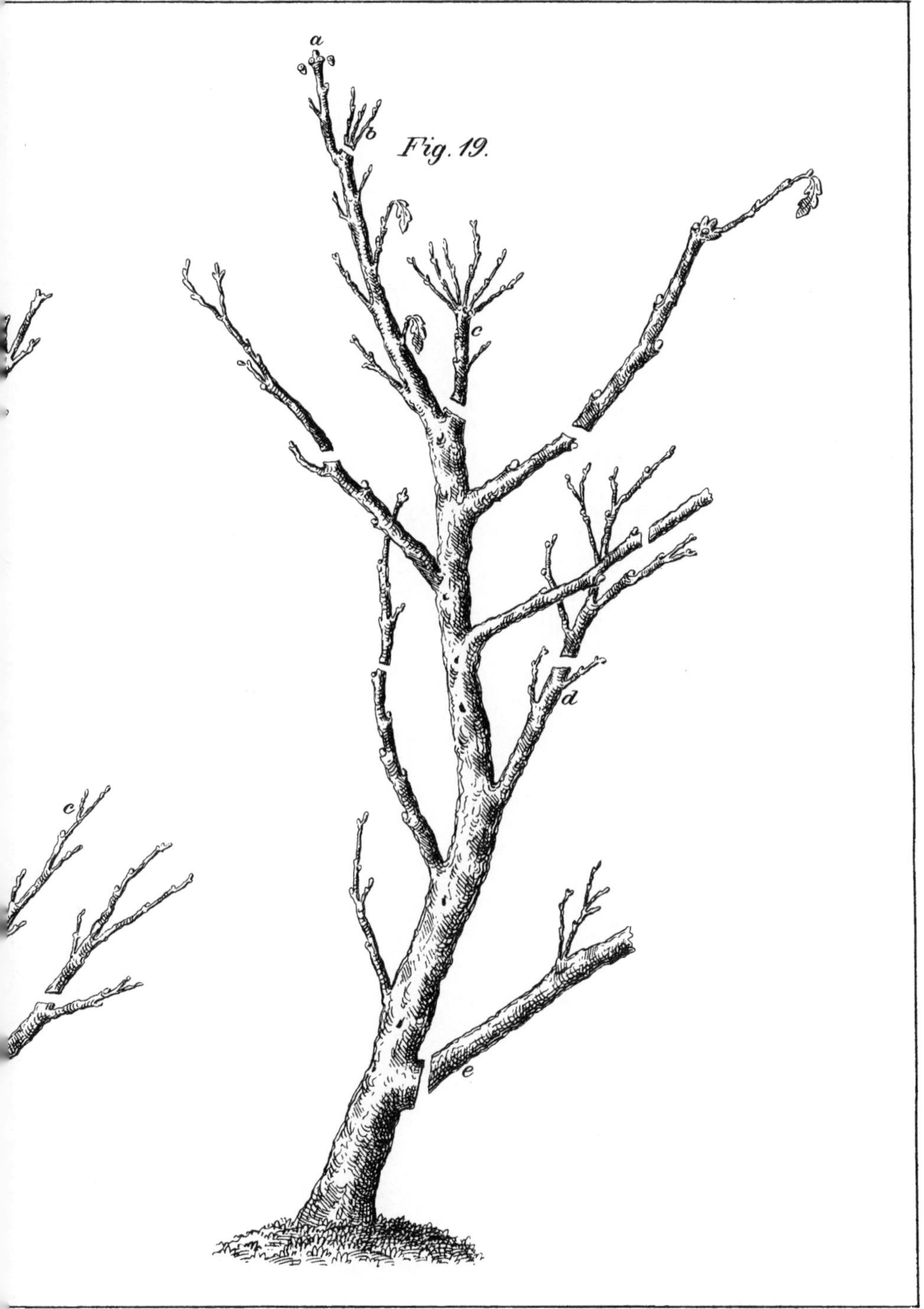

ad. Seiten 50 u. 51.

der Natur und erhebt e zum Wipfel, indem d hart am Schafte beseitigt, und die Knospe a zur neuen Höhentriebsbildung isolirt wird. b wird als Gabelansatz hier jedenfalls gefährlich und ist, wie auch c, zu entfernen.

Fig. 19. Die Pflanze ist im Schluß erwachsen, und stark verdämmt worden, wie der gedrückte alte Wipfel c und die in ihren Endtrieben abgestorbene Gabel d deutlich erkennen lassen. Die spätere Freistellung hat ihre günstigen Folgen nicht verfehlt, und eine vollere Beastung geschaffen. Der endständige kräftige Knospenquirl a wird verbrochen, da es an geeigneten Seitenknospen zur Höhentriebsbildung gänzlich mangelt; der Gabelansatz b und der alte Wipfel c, als nunmehrige Schaftfortsetzung, werden entfernt, die Gabel d dagegen ist noch als Saftconsument zu verwerthen, um den starken Ast e, dessen spätere Verheilung schwierig werden würde, vom Schafte trennen zu können.

Der Correctionsschnitt.

Die Folgen, welche ein fehlerhaftes Schneideln[1]) nach sich zieht, sind theilweise im Vorhergehenden geeigneten Ort's schon berührt worden. Es erscheint jedoch zweckmäßig, dieselben hier kurz nochmals zusammenzustellen, um zugleich einiges über die etwa nöthigen späteren Correctionen solcher, beim Wipfel- oder Schaftschnitt begangenen Fehler hinzu zu fügen. Die Letzteren machen sich später meist in Ueberwipfelungen des Höhentriebes durch Seitentriebe bemerkbar. Wird daher beim Wipfelschnitt eine nicht genügend verholzte, oder nicht ganz kräftige Knospe isolirt, so überwachsen in der Regel ein oder mehrere tiefer sich entwickelnde Seitentriebe, welche aus kräftigeren Knospen hervorgehen, den schwächlich producirten Höhentrieb. Wird ferner das Entfernen von Knospen und Trieben verabsäumt, welche der isolirten und endständigen Triebsknospe sehr nahe stehen, so ist ebenfalls Ueberwipfelung oder schirmförmige Kronenbildung eine gewöhnliche Folge. Ebenso incliniren die Schosse aus den nach oben gerichteten Knospen derjenigen Quirltriebe oder Aeste, welche der isolirten Höhentriebsknospe zunächst stehen, besonders dann sehr zur Ueberwipfelung, wenn der Pflanze beim Schaft- oder auch beim Zweigschnitt zu viel Holz genommen wurde. Dasselbe gilt für Gabelbildungen, wenn dieselben derart falsch behandelt wurden, daß man entweder anscheinend geringe Gabelansetzung nicht beseitigte, oder schon entwickelte Gabeln im Wipfel nicht dicht am Schaft fortgenommen hat, weil dann die am zurückbleibenden Stummel, so unbedeutend derselbe auch ist, etwa schlafenden Augen, in Folge des nach der Schneidelung lebhafter werdenden Saftumlaufs, geweckt werden und nicht nur eine neue Gabel bilden, sondern auch den Höhentrieb noch überwachsen können.

[1]) Obgleich bei richtig geführtem Schnitt üble Folgen für die Eiche nicht entstehen können, so ist doch selbst die geübteste Hand vor Fehlgriffen nicht sicher und der Anfänger nie. Der Schnitt läßt sich wohl nach dem vor Augen stehenden Oberstock leicht beurtheilen, nicht aber nach dem verborgenen Unterstock, was bei Stockausschlägen oft sehr trügt.

Alle diese, für die junge Eiche durch falsches Schneideln herbeigeführten, stets nachtheilig wirkenden abnormen Kronenbildungen lassen sich, wenn auch nicht ganz unschädlich machen, so doch durch einen, entweder im Laufe des ersten Sommers vor Entwickelung der Johannistriebe, oder besser nach eingetretener vollständiger Verholzung im Winter vorzunehmenden Correktionsschnitt in manchen Fällen wieder reguliren, wodurch einem jahrelangen Stillstand im Höhenwuchse und endlicher Verkrüppelung des Stämmchens häufig noch vorgebeugt wird. Zu diesem Zwecke sind schwächliche Triebe aus der isolirten Knospe bis auf einen geeigneten kräftigen Seitentrieb zurück zu schneiden, welcher letztere dann die Stelle des ersteren vertreten muß. Kräftigen Höhentrieben hingegen, bei denen weniger eine Ueberwipfelung, als mehr ein unentschiedener Kampf mit den Seitentrieben entsteht, ist durch Einstutzen der letzteren zu Hülfe zu kommen, und sind dabei etwa neu sich bildende Gabeln nach den darüber gegebenen Regeln nochmals zu beseitigen. Bei rankenähnlich aufsteigenden, etwa durch eigene Schwere sich zur Seite biegenden Höhentrieben nehme man hingegen nie zu früh eine Correction vor, da in den meisten Fällen dieselben sich bei eintretender Verholzung im Herbste vollständig vertical wieder aufrichten.

Viel nachtheiliger als die Ueberwipfelungen wird für die junge Eiche das Entstehen üppiger Wassertriebe oder Wasserreiser als Folge unnatürlich starker Schneidelung, welche namentlich der Anfänger, der mit Gewalt einen möglichst starken Höhentrieb zu erzwingen, oder der Pflanze ein schöneres Aeußeres zu geben versucht, oft vornimmt. Das Stämmchen entwickelt dann, meist um die Schnittwunden herum, auch an den Enden der eingestutzten Zweige, wo sich hauptsächlich der Saft concentrirt, aus schlafenden Augen und überhaupt aus allen triebfähigen Knospen, eine Masse von geilen, unselbstständigen Schossen, die dasselbe zur Erde drücken, ja oft so stark davon zehren, daß im zweiten Jahre Wipfeldürre und später ein gänzliches Absterben der Eiche eine nicht seltene Erscheinung ist. Hier wird demnach nur in seltenen Fällen durch den Schnitt noch zu helfen sein und muß es der Beurtheilung der operirenden Hand überlassen werden, ob ein Correctionsschnitt noch Erfolg verspricht, nachdem einige Jahre später eine vollständige Verholzung der Wasserschosse eingetreten ist.

Der Repetitionsschnitt.

Es fragt sich noch, ob außer den weiter unten zu erläuternden Operationen in Kämpen, und außer den zuvor angeführten Fällen, wo ein Correctionsschnitt Anwendung finden kann, eine Wiederholung der Schneidelung zweckmäßig oder unter gewissen Umständen erfolgbringend ist.

Im Allgemeinen wird auf besserem Standort und unter günstigen klimatischen Verhältnissen bei kräftigen und selbst bei verstrauchten Pflanzen ein einmaliges, regelrecht vorgenommenes Schneideln genügen, um die anscheinend ruhenden Lebensorgane zu wecken und eine angemessene Höhenentwickelung hervorzurufen. Auf minder günstigem Standort wird jedoch in gewissen Fällen eine Wiederholung der Operation, mehr in Folge der auf die Höhentriebe einwirkenden Fröste, als in Folge der Bodenverhältnisse, bedingt werden und zwar am meisten in dem Alter, in welchem die Eiche den Frostgefahren noch nicht entwachsen ist, die, in Folge längeren Verweilens der atmosphärischen Niederschläge dicht über dem Boden, bei noch schwächeren Pflanzen stets heftiger wirken, als bei stärkeren, mit mehr entwachsenem Wipfel[1]). Es genügt dann aber ein wiederkehrender Wipfelschnitt, während der Zweigschnitt möglichst unterbleiben muß, um die Reproductivität der Pflanze nicht zu stark anzuregen, letztere zu schwächen, und so mehr Nachtheile, als Vortheile durch die Operation herbeizuführen.

Hat der Frost die eben in der Entwickelung begriffenen Triebe im Frühjahre getroffen, so schneide man möglichst sogleich den erfrorenen Theil des Höhentriebes bis auf gesundes, diesjähriges oder vorjähriges Holz zurück, bevor er sich, in Folge jener Beschädigung, in eine schirmförmige Krone verzweigt. Wirkt aber der Frost im Vorwinter auf die bis dahin nicht zur Reife gelangten Johannistriebe, so schneide man die Frostschäden vor wieder eintretender Vegetation aus und stelle zugleich den Wipfeltrieb wieder dominirend.

Wo die Eiche im Gemisch anderer Holzarten auftritt, ist der Zweck der Schneidelung erst dann als erreicht anzusehen, wenn das Stämmchen gegen seine nächste Umgebung dominirt. Es entsteht demnach hier die Frage, ob, wie oft, und in welchen Zwischenräumen der Schnitt zu repetiren ist?

Bei stark beasteten stufigen Eichen wirkt, wenn sie nicht schon durch die Verdämmmung gelitten haben, ein einmaliges Schneideln in der Regel genügend und so günstig auf deren Höhenentwickelung, daß eine nochmalige Operation selten nöthig wird, obgleich solche kräftige Individuen einen, nach einigen Jahren wiederkehrenden Schnitt immer noch und meist mit Vortheil ertragen. Bei schwach beasteten, durch die Umgebung in die Höhe getriebenen Loden, denen wenig Holz genommen, also auch nur eine geringe Saftquantität zur Höhen-

---

[1]) Es ist sehr auffällig, in welcher Ausdehnung der Frost im Frühjahre strichweise seine Verwüstungen anrichtet. So erfolgte Mitte Juni 1863 in der Eifel noch ein so starker Nachtfrost, daß an einzelnen Oertlichkeiten sämmtliche, fast schon vollständig entwickelte Höhentriebe an den jungen Eichen bis zum Gertenalter hin von demselben vernichtet wurden. Die Frosterscheinungen treten meist lokal auf; in den Niederungen, besonders in geschützten Thälern, an feuchten Wiesenrändern findet man oft noch sehr kräftige Eichen in ihren Wipfeltrieben erfroren, während die Höhenlagen entweder ganz verschont blieben, oder nur das jüngere, mehr bodenständige Holz davon berührt wurde. Hier markirt sich an den jungen Pflanzen oft ganz genau die Forstlinie. Oft bleiben auch einzelne Loden in der total erfrorenen Umgebung ganz unbeeinflußt; oft wieder schließt der Frost einzelne kleine Striche von seinen Verheerungen aus, was jedenfalls der Luftzug bewirkt, der zufällig an solchen Stellen Zugang findet; stellenweise nehmen wieder Bodenverhältnisse Antheil an den Frosterscheinungen, sowie auch nahe schützende Holzwände oder schirmende Samenbäume dieselben abwenden.

entwickelung reservirt werden kann, leistet die Freistellung, durch Begünstigung des Lichtzutritts, meist mehr, als die Scheidelung, welche letztere sich hier immer nur auf Wipfelschnitte erstrecken darf. Im Allgemeinen hat die Erfahrung gelehrt, daß ein öfteres, als höchstens zweimaliges Schneideln der Eiche eher Nachtheile, als Vortheile bringt, denn die Operation ruft eine merkliche Erschütterung und Umänderung des ganzen Wachsthumsprozesses hervor, so daß das geschneidelte Stämmchen zwei bis drei Jahre gebraucht, um eine normale Kronenform zu produziren. Berücksichtigt man jedoch, daß bei besonders stufigen und kräftigen Individuen durch den Schnitt ein Höhentrieb bis vier Fuß in einem Jahre erzielt werden kann, so stellt man, abgesehen davon, daß dann die Pflanze der Hand entwachsen und ohne die immer mühsame Anwendung von Verlängerungswerkzeugen nicht mehr zu schneideln ist, unbillige Anforderungen, wenn man auf Rechnung der Stammbildungen der Kunst noch weitere Erfolge für die Höhenentwickelung abgewinnen will.

Ob der Repetitionsschnitt im Großen ausführbar wird, das ist allerdings eine andere Frage, worüber die lokalen Verhältnisse entscheiden mögen.

Der geeignete Zeitpunkt zum Schneideln der Eiche ist im Allgemeiuen der Winter, oder, um dies in bestimmtere Gränzen zu fassen, die Zeit, wo die Vegetation ruht. Es ist dann das oft für das Stämmchen so nachtheilige Bluten[1]) der Schnittwunden nicht zu befürchten, es wird ferner die Beurtheilung des vollkommenen Reife- und Ausbildungsgrades der Triebe und Knospen, und die Wahl des zu entfernenden Holzes bei fehlender Belaubung stets leichter. Endlich aber hat die Erfahrung hinreichend bestätigt, daß die Winterschneidelungen günstigere Erfolge liefern, als die im Sommer vorgenommenen.

Die Ruhezeit der vegetabilischen Thätigkeit ist nach Klima, Lage, Boden und selbst Jahrgängen verschieden, und damit also auch die Zeit zu der Operation eine andere, und bald von längerer, bald von kürzerer Dauer. Im Herbst ist es zur ganz sichern und richtigen Beurtheilung des Reifegrades der Triebe und Knospen, besonders im rauhen Klima, nöthig, die ersten Winterfröste abzuwarten, jedoch läßt man nicht gern die schönen Herbsttage im Oktober und November unbenutzt vorübergehen, um so mehr, da der Förster jetzt die beste Zeit zum Schneideln hat. Es würde sich daher empfehlen, in solchen Jahren und Gegenden, wo die Vegetation früher eintritt und eine mangelhafte Verholzung der Triebe nicht zu fürchten ist, die Operationen schon im Oktober oder doch mit sich lichtender Belaubung zu beginnen. Bei Regenwetter, tiefem Schnee, Duftanhang und kalten rauhen Wintertagen sind die Arbeiten einzustellen und im Frühjahre nur bis dahin fortzusetzen, wo die Vegetation erwacht. Mit diesem Zeitpunkt muß jede fernere Schneidelung, mit Ausnahme der bei Correctionsschnitten 2c. etwa nöthig erscheinenden einzelnen Fälle, der Regel

[1]) Das Bluten der Wunden wird erfahrungsmäßig auf ärmeren Bodenverhältnissen der Eiche viel gefährlicher, als auf ganz geeignetem Standort.

nach aufhören. Wollte man auch auf das bei jeder Holzart eintretende Bluten der Schnittwunden weniger rücksichtigen und demnach Schaft- und Zweigschnitte allgemein, selbst während der Vegetationszeit, vornehmen, so müßte doch das Isoliren der Höhentriebsknospen während der Entwickelung der Triebe im Sommer unterbleiben, theils weil sich nicht beurtheilen läßt, ob die zu isolirende Knospe später den an sie gemachten Anforderungen genügt, theils weil sich die noch nicht vollkommen verholzten Knospen kaum ohne nachtheilige Verletzungen an den Trieben ausbrechen lassen. Will man aber selbst bei Knospenoperationen Ausnahmen machen, so müßte dies in der Zeit zwischen der Entwickelung des ersten und zweiten Triebes geschehen, weil dann gewissermaßen eine kurze Ruhezeit zum Zwecke der Verholzung in der vegetabilischen Thätigkeit stattfindet.

Vielfach empfiehlt man auch als geeignete Zeit für die Schneidelung das Frühjahr, kurz vor dem Beginn der Vegetation, wahrscheinlich, um den Frost nicht auf die Wunden einwirken zu lassen, oder das zu starke Austrocknen derselben zu vermeiden. Beides scheint wenig oder gar keine Nachtheile für junges, lebenskräftiges Holz zu bringen, abgesehen davon, daß dieser Zweck bei stärkeren Wunden, die mehrere Jahre zu ihrer Heilung bedürfen, ganz verfehlt werden würde. Die Zeit nahe vor der Vegetation ist überhaupt zu kurz, um umfangreichere Operationen auszuführen und in der Regel von sehr ungüuſtigem Wetter begleitet.

IV.

Die Erziehung der Eiche aus Ausschlägen mittelst der Schneidelung.

In älteren Hochwaldbeständen trifft man nicht selten normal entwickelte, gesunde, dem Haubarkeitsalter nahe stehende, aus Ausschlägen erwachsene Eichen an, welche, dem bestwüchsigsten Kernstamm ebenbürtig, mit dem gleichalterigen Bestande nicht nur vollständig Schritt zu halten vermochten, sondern auch ihre Krone im Gedränge der vielleicht feindlichen Umgebung normal zu entwickeln und herrschend zu erhalten wußten. Der alte, in den meisten Fällen allerdings schon vollständig in Verwesung übergegangene Mutterstock ist aber bei genauer Untersuchung solcher zum Baum herangewachsener Ausschläge entweder noch sichtbar, oder es kennzeichnet sich durch eine Stammanschwellung, eine Humusansammlung, oder ein Moospolster die Stelle, wo er existirte und von wo aus noch sein Wurzelstock mit dem von Kindheit auf gepflegten Schützling in den innigsten Beziehungen steht.

Nach solchen Wahrnehmungen ist es unzweifelhaft, daß Eichenausschläge unter Einwirkung besonders günstiger Nebenumstände selbst da, wo sie ihrem eigenen Geschick überlassen bleiben, noch zum brauchbaren und werthvollen Nutzstamm heranzuwachsen vermögen. Darin liegt aber die Aufforderung, diese gute Eigenschaft durch besondere Pflege auszubilden und nach Kräften überall da zu verwerthen, wo sich nur die Gelegenheit dazu bietet, namentlich aber, wo die Erziehung der Eiche aus Samen besonderen Schwierigkeiten begegnet, oder unbefriedigende Resultate liefert und deßhalb von dieser Art der Nachzucht abschreckt. Solcher Gelegenheiten der nutzbringenden Verwerthung von Ausschlägen giebt es aber sehr viele. Hier und da begegnet man auf einer Bestandeslücke, auf einer kleineren Blöße, oder an Gestellen, Wegen und Bestandesrändern einer üppig sich entwickelnden Stocklode, die unter der Last ihrer Beastung mit der Zeit verstraucht, oder ihre zahlreichen Genossen nicht zu bemeistern vermag, während der aufmerksame Forstmann, fast im Vorübergehen, mit geringer Mühe und wenigen Messerschnitten, sich zur Ehre und der Nachwelt zum Nutzen, den kaum der Beachtung werth erscheinenden Strauch zum hoffnungsvollen Baum umzubilden vermag, in dessen kühlem Laubdach dereinst vielleicht manch' daher wandernder Waidmann eine willkommene Ruhestätte findet. Ja, der oft nur als Wildholz beachtete Ausschlag spielt auch im größeren Culturbetriebe und bei der speciellen Bestandespflege eine noch viel beachtenswerthere und über manche Schwierigkeiten einer theueren, oft mißlichen Eichenzucht hinweghebende Rolle. Wie oft bringen die, in neuerer Zeit zur Tagesfrage werdenden Umwandelungen von Nieder- oder Mittelwald in Hochwald den Forstwirth wegen Mangel geeigneten Kernwuchses in Verlegenheit. Da müssen durch Druck verkommene Kernstämme, oder später kümmernde Pflänzlinge aushelfen, während der Mittel selten gedacht wird, die es uns möglich machen, den etwa vorhandenen oder neu erscheinenden Ausschlag zum schönsten Nutzstamme heranzubilden. In den Nadelholzumwandlungsorten erscheinen oft tausende von Eichenausschlägen, welche an vielen Orten sich selbst überlassen werden, Anfangs wohl auch eine Zukunft versprechen, später aber im Kampfe unterliegen, oder auch zum Zwecke der Rindennutzung, als stets angenehme Kassenfüller, ausgehauen werden. Und doch bietet sich eine, immer beachtenswerthe Gelegenheit, jene Ausschläge mit Hülfe der Mischhölzer noch zu Baumholz heranzuziehen. In den Buchenverjüngungen kommen, besonders bei dunkler Schlagstellung, Kernloden selten auf, während später eingesprengte Pflänzlinge nicht unter jeder Oertlichkeit das leisten, was sie Anfangs hoffen lassen. Letztere vermögen oft nicht dem schnell sich hebenden Bestande zu folgen und finden ihren Untergang, ehe die einkehrende Art des Durchforstungsbetriebes zu Hülfe zu kommen vermag, während die Kernloden oft schon bei den nächsten Reinigungshieben der läuternden Art anheimfallen und dann Stock- oder Wurzelausschäge liefern, die man abermals als Eindringlinge betrachtet und bei den Zwischennutzungen wegnimmt, während sie, bei einiger Pflege, den Ort zu einem befriedigenden Bilde versorgender Bestandesmischung zu machen vermögen.

Nach allen bisherigen Erfahrungen hat sich nun für diesen Zweck das Schneideln der Ausschläge, gleichsam als Vorbereitungsschule, für den dereinstigen Baum bewährt. Die erste Bedingung für das Gelingen der Operationen besteht in der richtigen Wahl geeigneter Ausschläge, und es ist in dieser Beziehung bereits in der Einleitung zu zeigen versucht worden, daß am eigentlichen Stocke ausgeschlagene Loden nur dann eine Zukunft haben können, wenn sie ganz jungen Mutterstöcken entkeimten, die ihre Hiebwunde vollständig schadlos verheilen, während die aus dem Wurzelknoten hervorgegangenen Loden um so vollkommener die an sie zu stellenden Bedingungen der Dauer und Lebenskraft erfüllen, je vollständiger sie sich isoliren und je baumähnlicher ihr Wuchs ist.

Behufs der Erziehung tauglicher Loden verdienen daher die früher schon bewährten Mittel zur Anregung der vegetativen Thätigkeit der Wurzeln Berücksichtigung, und zwar besonders der tiefe Abhieb, das Bedecken der Stöcke mit Laub, Moos ꝛc., das Verwunden und Einkerben der Tagwurzeln und das Behäufeln kümmernder Ausschläge mit Erde, auch wohl das Nachhauen der alten Stifte, während sich sowohl vom Brennen, als auch vom Aufhäckeln des etwa verlegenen und zurückgekommenen Bodens im Bereich des Wurzelsystems wohl nur bei größeren Betriebsflächen Gebrauch machen läßt, also speciell bei Umwandelungen, bei denen man hauptsächlich die Eiche berücksichtigen will, auch wohl den Zwischenbau anderer Hölzer durch Saat oder Pflanzung im Auge hat.

Den tieferen Theilen des Stockes entspringen erfahrungsmäßig besonders die Randloden, und man wird sie eben wegen dieses Ursprunges, auch wenn sie mehr schief gewachsen und zur Seite gerichtet sind, oft mehr und aufmerksamer beachten müssen, als die verticalen Ausschläge. Dies kann aber ohne Bedenken geschehen, wenn deren sonstige Individualität dem Zwecke entspricht, da sie schon durch das Lichten der Bestockung und mehr noch durch den Schnitt das Bestreben zur vertikalen Richtung und baumähnlichen Entwickelung erhalten.

Im Allgemeinen greift man beim Schneideln unwillkürlich zuerst nach denjenigen Loden, welche durch die Natur schon von Jugend an bevorzugt sind, welche sich also unter den Genossen am kräftigsten entwickelt, sich die meisten Nahrungsquellen zügeführt und daher bald dominirt haben. Dies ist auch in sofern dem Verfahren und dem hier beabsichtigten Zwecke vollständig entsprechend, so lange der Ursprung derselben dabei nicht außer Acht bleibt, und es vor Allem nicht sehr hoch stehende und oberflächliche Stockausschläge sind, die, mit geringen Ausnahmen, ihre Pflege nicht belohnen würden.

Wieviel Loden an ein und demselben Mutterstocke zum Zwecke der Schneidelung überzuhalten sind, hängt theils von den lokalen Verhältnissen ab, wird auch theils durch die Individualität des Stockes und der betreffenden Loden bestimmt. Die Zahl derselben beschränkt sich sonach, je nach dem Zwecke der späteren Benutzung, oder dem Grade und der Art der Bestockung und der Lebensfähigkeit des Mutterstockes, oder je nach den Bestandesverhältnissen, auf ein, zwei oder höchstens drei. Regeln lassen sich demnach in dieser Hinsicht nicht geben, doch vielleicht der allgemeine Grundsatz aufstellen, daß sich das Ueberhalten mehrerer Loden auf einem Stock überall da rechtfertigt, wo der Grad der Bestockung nicht nur auf Kraft des Mutterstockes schließen läßt, sondern auch die Wahl mehrerer geeigneter Loden möglich macht, wo ferner durch die Art der Bestockung die Isolirung begünstigt wird, wo demnächst nur die Erziehung von schwachem Nutzholzsortiment in Absicht liegt[1]), und wo endlich nach den Bestandesverhältnissen entweder ein früher Abtrieb, oder der durchforstungsweise Aushieb der Stämme bis auf einen pro Stock in Aussicht steht. Es können insbesondere Fälle eintreten, wo sogar Ausschläge, welche eine lange Dauer weniger versprechen, noch in größerer Zahl pro Stock vortheilhaft zur Gewinnung von schwächeren Nutzhölzern, wie Deichseln, Leiterbäumen, überzuhalten sein dürften. Dies empfiehlt sich namentlich bei starker Nachfrage nach jenen Sortimenten, welche man nicht befriedigen kann, weil junge Kernstämme dazu

---

[1]) Siehe Anmerkung auf Seite 4 dieser Schrift.

zu schade sind, bei der man aber mit passenden Stockloden gut auszuhelfen im Stande ist. Sorgt man auf diese Weise für die Befriedigung des Bedarfs, so thut man gleichzeitig dem gerade in dieser Hinsicht so überhand nehmenden und schwer zu steuernden Diebstahl bedeutend Einhalt.

Ist nun nach diesen oder anderen Grundsätzen die Wahl der zum Schneideln geeigneten Loden getroffen, so werden die umwüchsigen oder überzähligen möglichst dicht am Stocke entfernt, und man nimmt demnächst die Schneidelung ganz in derselben Art und Weise, wie bei Wildlingen, vor.

Im Allgemeinen ist aber die Operation bei Ausschlägen, ihres schlankeren und weniger verzweigten Wuchses wegen, viel einfacher und daher schneller auszuführen, als bei Kernloden, und zugleich in der Regel mit noch günstigerem Erfolge gekrönt, was darin seinen Grund findet, daß den Ausschlägen durch die volle Bewurzelung des Mutterstockes ein reicher Nahrungsstoff zufließt.

Aus letzteren Gründen ist hier aber auch der Schnitt stets sehr vorsichtig zu führen und es kann nicht genug vor zu starkem Schneideln gewarnt werden, einem Fehler, dem nicht nur der Anfänger, sondern gar zu oft selbst noch die geübtere Hand anheimfällt.

Gänzliches Ueberwachsen der Loden und zehrende Wasserreiser, die jene vollständig zum Struppenwuchs umbilden, selbst Wipfeldürre herbeiführen, sind die natürlichen Folgen davon, und selbst die mühsamsten späteren Correctionsschnitte vermögen das Verdorbene nicht wieder gut zu machen. Man belasse daher lieber hier und da der Lode einen starken Seitenast, oder einen sonstwie der Schaftbildung nachtheiligen Zweig, ja selbst eine Gabel und verwende sie, nachdem sie entsprechend gestutzt sind, noch als Saftconsumenten. Ist die Gefahr des starken Saftandranges sehr groß, so vermeide man jeden Schaft- und Zweigschnitt und isolire blos den Höhentrieb mit der für die neue Wipfelbildung bestimmten Knospe.

Die nach der Schneidelung meist am Stocke wieder hervorbrechenden Ausschläge werden der reservirten Lode nicht weiter gefährlich, wenn nicht die Höhenentwicklung dieser letzteren durch äußere Umstände besonders gestört wird; auch erfüllen dieselben an kräftigen Stöcken vorläufig noch den Zweck der Saftconsumtion, bis der Waldschluß sie zum Absterben zwingt.

Das **Alter**, in welchem man die Ausschläge am Geeignetesten schneidelt, hängt von dem Wuchs und Entwicklungsgrade derselben ab. In drei- bis vierjährigem Holze wird man am vortheilhaftesten operiren, da dann das Individuum selbst am besten dem Pfleger seine Behandlung an die Hand giebt. Das rauhe Klima, mit seinen unwillkommenen und vernichtenden Frösten, macht jedoch auch hierbei gar zu oft einen Strich durch die Rechnung und fordert Ausnahmen. Die Loden entwickeln sich besonders in den ersten Jahren und an kräftigen Mutterstöcken meist sehr lebhaft und üppig, so daß die Endtriebe bis zum Eintritt der ersten Winterfröste nicht immer verholzen, und zwar im rauhen Klima meist nur in ausnahmsweise günstigen Jahren. Hier wird es nöthig, schon im jüngeren Holze nach Bedürfniß mit dem Schnitt einzugreifen und die erfrorenen und nicht verholzten Endtriebe bis auf ganz gesundes Holz zu beseitigen, um Verkrüppelungen der jungen Ausschläge vorzubeugen.

Bei schon kräftigen, der Hand entwachsenen Ausschlägen, die nur mit Verlängerungswerkzeugen noch erreichbar sind, würde die Schneidelung zwar vortreffliche Dienste gewähren, jedoch wird hier die sehr mühsame und zeitraubende Operation im größeren Betriebe unausführbar, weshalb in diesem Falle die Heranbildung jener zum nutzbaren Stamme besser dem unten noch zu erörternden Aufästen überlassen bleibt.

Der geeignete Zeitpunkt zum Schneideln der Ausschläge ist derselbe, wie bei Kernloden, beschränkt sich also im Allgemeinen auf die Ruhezeit der Vegetation; selbstredend kann bei hohem Schnee die Läuterung der Ausschläge nicht erfolgen, weshalb es sich empfiehlt, schon im Herbste, oder auch, bei sehr kräftigen Mutterstöcken, im Sommer durch gut instruirte Arbeiter diejenigen Distrikte, wo Ausschläge zum Baumholz herangezogen werden sollen, durchgehen und den Aushieb der überzähligen Loden vornehmen zu lassen. Die Schneidelung der zu conservirenden Loden, welche die sachkundigen Förster selbst, oder, wo ausgedehntere Operationen in Frage treten, unter strenger Bewachung gut eingeschulte Gehülfen vorzunehmen haben, folgt dann im Winter bei günstiger Witterung nach.

Das Kirchberger Schneidelungsverfahren behufs Umwandlung von Eichenniederwald in Hochwald.

Schon seit ungefähr 15 Jahren ist in der Königl. Oberförstei Kirchberg (Reg.-Bez. Coblenz) ein Schneidelungsverfahren eingeführt, wodurch Eichenausschläge zum Baumholz herangezogen werden, um die dortigen, theilweise mit noch anderen Holzarten gemischten Niederwaldbestände in Hochwald umzuwandeln.

Nachdem der Bestand auf die Wurzel gesetzt ist, wobei man besonders auf tiefen Hieb der Stöcke sieht, um kräftige, sich selbstständig bewurzelnde Ausschläge zu erziehen, werden die geeigneten Loden, wozu man die randständigen, welche sich am leichtesten bewurzeln, wählt, durch Schneidelung baumähnlich hoch getrieben und alle übrigen und wüchsigen Ausschläge entfernt. Nachher durchstellt man den Bestand mit Schattenpflanzen, Fichte, Tanne, unter sorgsamer Erhaltung des etwa vorhandenen, nicht verdämmenden Bodenschutzholzes.

In den drei bis vier Jahre alten Ausschlägen nimmt die Schneidelung ihren Anfang, indem die unwüchsigen Loden mit dem bekannten Krummesser am Boden entfernt, und dann zwei bis drei auf jeden Stock überzuhaltende Loden derart geschneidelt werden, daß man sämmtliche stärkere Aeste bis zum Wipfel hin hart am Schafte entfernt und der Lode nur die ganz unscheinbaren

Zweige als Saftleiter und Consumenten beläßt. Bei den späteren Reinigungshieben und Durchforstungen wird nach und nach dahin gestrebt, daß auf jedem Stocke nur die kräftigste, etwa dominirende Lode zurückbleibt, während die Schneidelungen in der schon angegebenen Art und Weise ihren periodischen Fortgang nehmen und zwar, je nach dem Alter und der Stärke des Holzes, mit dem Stoßeisen (s. Taf. III, Fig. 13 und 14) oder mittelst Sägen und Handleitern.

Aeltere Niederwaldbestände werden, wenn sich nicht genügende, möglichst selbstständige Ausschläge vorfinden, entweder kahl abgetrieben und demnächst, wie oben angegeben, der Schneidelung unterworfen, oder, wenn die Bestockung dem fraglichen Zwecke entspricht, durch Läuterung, Schneidelung und Durchforstung zum Hochwald vorbereitet. Neu wieder erscheinende Wasserloden läßt man drei Jahre lang unangerührt, bis sie gutes Futter liefern, und dann um Johanni gegen Ueberlassung des Materials abstoßen.

Im Allgemeinen zieht man für Ausführung der Operationen die Vegetationszeit vor, einerseits, weil dann die Arbeit gegen Ueberlassung des abfallenden, dem Landmann zum Viehfutter sehr werthvollen Materials ohne Geldopfer bewerkstelligt wird, andererseits, weil die Heilung der Wunden dann am vollkommensten erfolgen soll.

Ohne dem so eben beschriebenen Verfahren nahe treten zu wollen, sei es gestattet, dasselbe in seinen Hauptmomenten dem hier empfohlenen vergleichend gegenüber zu stellen. Durch das uneingeschränkte Aufästen der Eiche bis zum äußersten Wipfel entsteht, nach allen Wahrnehmungen, unzweifelhaft eine mangelhafte Heilung der Wunden, ferner eine schlaffe Schaftbildung und endlich ein unnatürlicher Saftandrang, der sich in unzähligen, den Schaft schwächenden, oft sogar zur Wipfeldürre führenden Wasserloden und in starker, haltloser Kronenverzweigung äußert.

Diesen Uebelständen beugt das hier empfohlene Verfahren vor, theils durch Erhaltung einer gleichmäßigen Beastung, durch welche die Saftleitung begünstigt, und der zur Höhen- und Schaftentwickelung entbehrliche Nahrungsstoff consumirt wird, theils durch Isolirung einer *bestimmten* Höhentriebsknospe, welche den Wipfel zu einer dominirenden Leitreisbildung zwingt, theils endlich durch das später ins Mittel tretende Aufästen, welches die Lode zum Baum heranbildet.

V.

Die Eichenstutzpflanze.

Schon längst ist es als ein bewährtes Mittel bekannt, daß man kümmernde Laubholzpflanzen durch Stummeln — Einstutzen nahe über dem Wurzelknoten — zu neuem Ausschlage am Stocke zwingt, der das verloren gegangene Individuum zu ersetzen strebt. Dieser Vorgang findet etwa in folgender Weise statt: Der junge Baum geht in einen leidenden Zustand über, der durch klimatische Einflüsse, Druck oder Schirm der Umgebung, plötzlichen Luftwechsel, oder Verbeißen durch Wild, Vieh 2c. herbeigeführt wird. Die Folgen solcher und ähnlicher Erscheinungen sind, daß die Saftleitungsorgane theilweise ihre Dienste versagen, Aeste oder Wipfel absterben, oder Schaft und Zweige sich mit Moos und Flechten überziehen, in Folge dessen die schlecht organisirten oberirdischen Pflanzentheile keinen normalen Zuwachs mehr ermöglichen und schwache, kränkliche Jahrestriebe reproduciren. Oft sieht man dann solche, zum Mißwuchs umgestaltete Individuen durch Wurzel-, Stock- oder Stammsprossen die noch vorhandene Lebenskraft des Unterstockes äußern, und gerade hierin liegt der Fingerzeig für den Forstmann, wo und wie zu helfen ist. Werden sonach diese schlecht organisirten Theile durch den Abhieb am Wurzelknoten beseitigt, so bilden sich aus dem letzteren ein oder mehrere neue Loden, die ihren Wuchs ohne Rücksicht auf den Zustand des früheren Oberstockes lediglich der Individualität des Unterstockes anpassen, und so lange kräftig fortwachsen, bis beide, nämlich Ober- und Unterstock, wieder ins Gleichgewicht getreten sind. Von diesem Zeitpunkt der gegenseitigen Ausgleichung ab gehen die nunmehr gesunden Pflanzentheile in denselben normalen Fortentwicklungszustand über, als eine entsprechende Kernlode.

Bei der Eiche hat nun die Erfahrung gelehrt, daß dieselbe nicht nur das Stutzen oder Stummeln nach dem Versetzen vortheilhaft hinnimmt, sondern daß sie sich auch eben sowohl als Stummel verpflanzen läßt. Man hat jedoch hin und wieder die Wahrnehmung gemacht, daß nur ein Theil solcher Stutzpflanzen gleich im ersten Jahre, ein anderer Theil aber erst später seiner Funktion genügt. Dies berechtigt vielleicht zu der Ansicht, daß sich die Stutzpflanzung hauptsächlich nur bei Pflänzlingen mit gut organisirtem Wurzelsystem und speciell unter besseren Bodenverhältnissen bewährt, während es sich bei schlechterem Standort und mangelhaften Pflanzen zu empfehlen scheint, der Eiche den Oberstock beim Versetzen zu lassen und erst dann zu stummeln, wenn genügende Anwurzelung erfolgt ist. Denn es unterliegt nach allen Erfahrungen wohl keinem Zweifel, daß jede Pflanze zu ihrem vollkommenen Gedeihen auf einem neuen Standort der ganzen ungeschmälerten Ast- und Blattmenge neben der vollen Bewurzelung um so mehr bedarf, je weniger ihr der Boden zusagt, und sie überhaupt die Bedingungen erfüllt, welche man sonst an einen guten Pflänzling stellt.

Die Eichenstutzpflanzung gewährt vielseitige Vortheile. Man verwerthet durch sie noch Pflänzlinge, die wegen mangelhafter Schaftform sonst unbrauchbar sind. Sehr mannbare Pflanzen werden als Stummel selbst in starken Windlagen nicht gefährdet. Bei weiter Entfernung zur Culturstelle ist auch der leichtere Transport der Stutzpflanzen zu beachten, während die Pflanzkosten, besonders bei stärkerem Sortiment, sich verringern.

Was nun zunächst die Verwendung von Wildlingen zu Stutzpflanzen anlangt, so werden unzweifelhaft die freistehenden, in der Astverbreitung nicht eingeschränkten Pflanzen gute Resultate liefern, selbst wenn sie verbuscht, verstraucht, von Wild oder Vieh verbissen und durch Frost zurückgesetzt sind, deren Wurzelsystem aber sich dem Oberstock entsprechend verzweigte, während im engen Schluß hochgegangene, spillerige, ast- und blattarme Pflanzen, deren Oberstock meist den analogen Zustand des Unterstockes verräth, auch nur entsprechenden Ausschlag liefern.

Letztere Individuen sind nun erfahrungsmäßig bei der gewöhnlichen Pflanzweise vollständig unverwerthbar, werden aber als Stutzpflanzen, in Ermangelung besseren Materials, immer noch Lückenbüßer abgeben können, besonders wenn man sie erst nach erfolgter Anwurzelung stutzt.

Ganz resultatlos bleibt aber die Stutzpflanzung mit zu alten Pflänzlingen, die sich unter ungünstigen Verhältnissen so langsam entwickelt haben, daß sie trotz des höheren Alters doch noch nicht stärker sind, als die bei Pflanzungen gewöhnlich verwendeten jüngeren Exemplare [1]). Diese würden jedoch in den meisten Fällen noch einen kräftigen Ausschlag liefern, wenn sie auf dem alten Standort, auf die Wurzel gesetzt werden.

Unter den meisten Bodenverhältnissen ist aber ein regelrechtes Versetzen solcher gut bewurzelten Wildlinge sehr schwer. Der kräftige Wildling wird meist von vornherein mit einer starken Pfahlwurzel versehen sein, auch einzelne kräftige Seitenwurzelstränge entwickelt haben, so daß schon das Ausheben zu einer sehr mühsamen und doch oft mißlingenden Operation wird. Eben deshalb unterliegt auch das Wiedereinpflanzen großen Schwierigkeiten und läßt,

---

1) Solche Eichen finden sich in vielen künstlichen Saaten, die bei nachweislich 18—20jähr. Lebensalter kaum dem Boden zu entwachsen vermochten.

selbst durch sachkundige und geübte Hände ausgeführt, nicht das Gelingen erwarten, wie es gerade für das Gedeihen der Eiche vor allem erforderlich ist, und bei dem gut organisirten Wurzelsystem der Kamppflanzen viel weniger zweifelhaft wird.

Der Eichenwildling wird daher als Pflänzling selten das leisten, was seine Individualität auf dem alten Standort in vielen Fällen für die Zukunft verspricht, und selbst eine sorgfältige Kampwirthschaft auch zur Gewinnung von Stutzpflanzen dienlich bleiben, wenn auch der Oberstock der Pflanze während der Erziehung nicht so gepflegt zu werden braucht, als bei den Exemplaren, welche ungestutzt ins Freie gepflanzt werden sollen.

Jedem, der mit Erziehung von Kampeichen umzugehen Gelegenheit fand, wird die Wahrnehmung nicht entgangen sein, daß die Wurzelverbreitung durch das öftere Umschulen sehr gehemmt wird. Die Hauptwurzeln behalten keine natürliche Lage, werden zusammengezwängt und verlieren an Wachsraum, so daß die Bedingungen für die Neubildung feiner Saug- und Faserwurzeln, wofür gerade der Kamp gleichsam die Werkstätte ist, mangelhaft erfüllt werden. Selbst das sorgsamste Umschulen in den Kämpen, was überdies meist nach sehr niedrigen Anschlägen pro Hundert oder Tausend ausgeführt werden muß, für deren Sätze oft sehr günstige, die Arbeit nicht erschwerende Verhältnisse maßgebend gewesen sind, beseitigt nicht ganz jene Uebelstände, und wem die strickähnlich zusammengedrehten Wurzelgebilde so vieler Kamppflanzen schon begegneten, wird hieran nicht zweifeln.

Die Hauptbedingung für die Gewinnung nicht zu alter, aber kräftiger Stutzpflanzen, die uns nicht nur über die Schwierigkeiten anderer Culturarten hinweg helfen, sondern auch bessere Resultate, als diese liefern sollen, wird demnach darin bestehen, daß alle Wurzelstörungen möglichst vermieden werden, daß also entweder die junge Pflanze im Saatkamp bis zu ihrer Verwendung stehen bleibt, oder aber das Umschulen schon im einjährigen Alter in einem so weitständigen Verbande erfolgt, als derselbe für die vollkommene Entwickelung der Pflanze genügt.

Um nun die Stutzpflanze in Saatkämpen heran zu bilden, dabei aber der Pfahlwurzel nicht zu unbeschränktes Feld zu bieten, würde am geeignetsten der nicht zu tiefgründige, vor allem aber kein Sandboden zu wählen sein.

Der in Höhenlagen oft vorhandene, mineralisch ziemlich kräftige Thonschieferboden mit bindiger Unterlage eignet sich, wie die Versuche gelehrt haben, zur Erziehung flachwurzeliger Eichenpflanzen um so besser, je mehr man die tiefe Bodenlockerung beschränkt und die Potenzirung der oberen Bodenschicht nicht versäumt.

Zur Aussaat würde höchstens eine Quantität von $1/6$ Scheffel, möglichst großkörniger Eicheln pro Quadratruthe genügen und später durch Ausziehen oder Ausschneiden umwüchsiger, auch durch Ausheben zur anderweiten Verwendung tauglicher, überzähliger Pflanzen auf genügenden Wachsraum und angemessenen

Pflanzenabstand hinzuwirken sein. Der Entwickelungsgrad des Oberstockes der Pflanze wird dann zur Zeit am sichersten entscheiden, wann eher sie zur Stutzpflanze reif und nach vorgenommener Operation des Stutzens dem späteren Bestimmungsort zu übergeben ist.

Will man aber die Stutzpflanze im Pflanzkamp weiterbilden, so kann die Aussaat stärker und das Umschulen reihenweise im einjährigen Alter derart erfolgen, daß der Abstand der Pflanzen nicht unter 8 bis 10″, der der Reihen aber nicht unter 1¼ bis 1½′ gegriffen wird, damit Licht und Atmosphäre ihre wohlthätigen Wirkungen auf Astverbreitung und Blattbildung ausüben können. Das Einstutzen, oder besser Umbiegen der Pfahlwurzel — siehe Seite 78 — wird beim Umschulen nicht zu verabsäumen und dadurch auf angemessene seitliche Entwickelung des Wurzelsystems hinzuwirken sein, während beim Auspflanzen in den freien Stand Wurzelkürzungen möglichst zu vermeiden sind[1]).

Das Stummeln der so erzogenen Pflanzen muß möglichst glatt und in einer den Stamm schonenden Art und Weise, je nach deren Stärke, mit Messer, Scheere oder Säge, und zwar oberhalb des Wurzelknotens, erfolgen, wobei jedoch zu bemerken ist, daß solche Stutzpflanzen sich durch neuen Ausschlag stets viel tiefer in der Erde verjüngen, als auf die Wurzel gesetzte Wildlinge, die ihren Standort nicht gewechselt haben.

Ueber den Zeitpunkt, in dem die Eiche im Allgemeinen zur Stummelpflanze reif ist, kann, wie schon zuvor angedeutet, nicht das Alter allein, sondern muß auch deren Individualität, das heißt, die des Oberstockes entscheiden, von dessen Entwickelungsgrad man auf den des Unterstockes schließt; Boden, Klima, Standort und andere Umstände sind dabei mitwirkend. Wenn eine sorgsame Kamppflege schon in vier bis fünf Jahren eine kräftige Stutzpflanze liefert, so wird der freie Stand oft die doppelte, ja noch längere Zeit gebrauchen, aber selbst unter Mitwirkung der günstigsten Verhältnisse hinsichtlich der Wurzelvollkommenheit nicht das zu Wege bringen, was bei der Kamppflanze meist vorhanden ist.

Nach den angestellten Versuchen bin ich zu der Ansicht gekommen, daß die Verwendung von Stutzpflanzen in zu jugendlichem Alter keine sonderlichen Vortheile bietet, wenigstens haben bis zu drei Jahr alte Pflanzen, welche aus Kämpen auf die eine oder andere Weise versetzt und gestutzt wurden, unter rauhen klimatischen Verhältnissen nicht den gewünschten Erfolg gehabt. Der neue Ausschlag erschien zwar vollkommen, ließ aber in seinem ferneren Wachsthum keine sehr merklichen Vortheile vor der alten Kernpflanze erkennen, was man wohl von der Stutzpflanze beanspruchen müßte, wenn ein geeignetes Pflanzensortiment verwendet wurde.

---

[1]) Das Speziellere über das vortheilhafteste Versetzen von schon mannbaren Eichenpflanzen siehe auf Seite 81 u. f. dieser Abhandlung.

Die Eiche scheint das erste und zweite Jahr auf Entwickelung der Pfahlwurzel, und das dritte und vierte hauptsächlich zur Bildung der Seiten- und feinen Saugwurzeln zu verwenden, und tritt demnach erst mit diesem Zeitpunkt der Moment ein, wo Erfolg von der Stummelpflanze zu erwarten ist. Oertlichkeiten und Klima bedingen natürlich Abweichungen.

Ebenso muß es einleuchten, daß die Stutzpflanzung auch über das gewöhnliche Verpflanzungsalter der Eiche hinaus ihr Feld verliert, obgleich man unter günstigen Verhältnissen und bei kräftigem Wuchs dazu noch Stämme bis zu 2″ Stärke mit Erfolg verwenden sah.

Den Erfahrungen nach ist anzunehmen, daß die Eichenstutzpflanzung sich ebenso für den Ausschlagswald, als für die Anzucht zu Baumholz eignet, und fehlt es in der einen, wie in der anderen Hinsicht nicht an gelungenen Culturen. So liest man unter Anderem in dem französischen Werke: »Cours élémentaire de culturc des bois, par Lorentz et Parade«, von umfangreichen, 5000 Hect. einnehmenden, Stutzpflanzungen zur Verjüngung von Hochwald im Walde von Compiegne, von denen mitgetheilt wird, daß dieselben sich sehr reich bestockt haben, daß aber trotzdem stets nur eine Lode dominire und eine Krone bilde, während die übrigen strauchartig deren Fuß decken, bis sie bei eintretendem Schluß der Hauptloden absterben. Erfahrungsmäßig kann dieses sorglose Sichselbstüberlassen der Stutzpflanze da, wo es sich um Gründung von Hochwald handelt, gewiß nicht vortheilhaft zur Erreichung des fraglichen Zweckes sein und zwar am wenigsten in solchen Oertlichkeiten, in denen der Boden[1]) kein der Eiche zusagender ist, und daher besonders für reinen Hochwald Schwierigkeiten bietet. Geeignete Mischhölzer[2]) und eine sorgfältige Pflege würden jedenfalls andere Resultate bringen.

Bezüglich der Pflege der Stutzpflanze ist im Allgemeinen dasselbe zu beachten, was schon bezüglich der Behandlung von Ausschlägen gesagt wurde, nämlich, daß ein Aushieb der überzähligen, evtl. unwüchsigen Loden nicht erst den Durchforstungen anheimzustellen, vielmehr frühzeitig vorzunehmen ist, was in Verbindung mit dem Spornschnitt und der späteren Aestung (siehe dort) die reservirten Stämmchen bald zum Bewußtsein ihrer Selbstständigkeit und ihres späteren Berufes bringt.

Die später an den Stöcken nochmals erscheinenden Ausschläge werden weniger nachtheilig und mögen so lange als Bodenschutzholz vegetiren, als die Mischhölzer nicht ausschließlich diesen Zweck erfüllen und der Waldschutz dies gestattet.

---

[1]) Der Wald von Compiegne soll mehreren Formationen der Tertiärperiode angehören. Die Hauptbestandtheile sind Lehm, Mergel, Kalk, Kreide und Kies, gemäßigt feuchter, aber nicht tiefgründiger Boden.

[2]) Siehe die Eichenzucht von H. Burckhardt, Separatabdruck aus dem hannöverschen land- und forstwirthschaftlichen Verein, Hildesheim 1862.

VI.

Die Anzucht der Eiche in Kämpen mittelst der Schneidelung.

Wenn auch im Allgemeinen die Saat der Eiche in den besseren, tiefgründigen und lockeren Bodenarten, besonders bei neuen Aufforstungen größerer Flächen, der Pflanzung vielfach vorgezogen wird, auch dieselbe unter vielen Verhältnissen, und besonders in der wahren Heimath der Eiche, ihren großen Werth behält, so zählt die Pflanzung doch da immer ihre Freunde, wo Boden und Klima das Gedeihen der Eiche hemmen und Kunst und beiständige Holzarten die Vermittler zu einer immer noch rentabelen Eichenzucht abgeben müssen. Ebenso hat die Pflanzung ihre unverkennbaren Vorzüge bei Einsprengungen, Ergänzungen von Lücken, Nachzucht des Oberbaumes im Mittelwalde, Bekleiduug von Wegen und Triften ꝛc., ja sie wird dort sehr oft unentbehrlich, ganz abgesehen von denjenigen Oertlichkeiten, wo wegen größerer Entfernung von Eichenforsten größere Samenquantitäten gar nicht zu beschaffen sind.

Noch viel wichtiger aber wird die Pflanzung da, wo eine sorgfältige Anlage von Saat- und Pflanzkämpen, verbunden mit regelrecht angewandter Schneidelung, selbst unter der äußersten Grenze der Eichenregion, noch kräftiges, normal entwickeltes und zum Versetzen geeignetes Pflanzenmaterial jeden Alters zu liefern vermag.

Die Anzucht der Eichen in Kämpen ist, mehr als bei anderen Holzarten, mit Schwierigkeiten verbunden, wozu einerseits die oft eintretenden Früh- und Spätfröste, andererseits die hier nöthig werdende Wurzeleinschränkung, besonders der Pfahlwurzel, das Ihrige beitragen, und mangelhafte Höhentriebe, stark verzweigte Seitenäste, sowie unregelmäßige Kronen- und Schaftbildung zur natürlichen Folge haben. Um so mehr wird es hier nöthig, alle durch die Kunst gebotenen Mittel zur Bekämpfung solcher Mängel, so weit als möglich, in Anwendung zu bringen.

Es mag unter anderen, als ungünstigen Oertlichkeiten vielleicht als Zeitverschwendung oder unnütze Waldgärtnerei angesehen werden, daß man schon bei der winzigen ein- oder zweijährigen Eiche mit der mühsamen Arbeit des Schneidelns oder Knospenverbrechens beginnt; es mag dort, wo die Eichel nur vom Stamm zu fallen braucht, um sich in wenigen Jahren ohne die geringste menschliche Pflege und ohne Kampf mit klimatischen und Bodenverhältnissen zum kräftigen, hoffnungsvollen Jungwuchs heranzubilden, manches hier Gesagte vielleicht nicht Anwendung finden, auch mögen sich die rein in der Praxis erworbenen Ansichten theoretisch nicht in jeder Hinsicht begründen lassen. Aber an solchen Orten, wo der Mangel an der durch Surrogate nur in geringem Grade zu ersetzenden Eiche von Jahr zu Jahr fühlbarer wird, läßt es sich nicht umgehen, ihren, wenn auch nur gelegentlichen Anbau auch auf die örtlich ungünstigen Verhältnisse auszudehnen und zu diesem Zwecke ist der Kamppflege mehr Aufmerksamkeit zu schenken, als dies bisher geschehen. Für diese Nothwendigkeit sprechen so viele, oft 15 und mehr Jahre alte Eichensaaten, bei denen sich das rauhe Klima, ungünstiger Standort und verabsäumte Pflege ausspricht, und die als hoffnungslose Krüppel- und Mißwüchse, mit ihrer Flechten- und Moosbekleidung dem Forstmann einen traurigen Anblick gewähren. Ebenso sieht man nicht selten in den Revieren aufgegebene und verkommene frühere Eichenkämpe, in denen eher das Unkraut, als die Eiche den Bestand bildet, ohne daß Mittel und Wege eingeschlagen sind, die hier zu helfen vermögen.

Man macht der Schneidelung bei jungen Kamppflanzen den Vorwurf, daß dadurch die Heranbildung von fadenförmigen, strohalmartigen Pflänzlingen veranlaßt werde. In der Praxis zeigen sich aber nach den angestellten Versuchen da, wo die Fröste nicht wieder alle Hoffnungen vernichten, das Gegentheil beweisende Resultate. So habe ich durch Anwendung des im Nachfolgenden näher angegebenen Verfahrens für die Behandlung von Kamppflanzen recht stufiges, kräftiges Pflanzenmaterial erzogen, das schon im vierten Jahre, bei einer durchschnittlichen Höhenentwickelung von $2\frac{1}{2}$ bis 3 Fuß, ein zweites Umschulen forderte, und allen Berechnungen nach bei fernerer sorgsamer Pflege schon in wenigen Jahren zur Heisterstärke herangewachsen sein wird. Diese Ergebnisse mögen für den an bessere Verhältnisse gewöhnten Pflanzenzüchter nichts Auffälliges haben, überbieten aber die an eine Eichenkamppflanze unter dem rauhen Klima und unter ungünstigen Bodenverhältnissen zu stellenden Erwartungen.

Der Werth der Schneidelung ist demnach hauptsächlich in der schnellen Heranbildung von kräftigem, zum Versetzen gut geeignetem Pflanzenmaterial, von der schwachen Lode bis zum stufigen kräftigen Heister hin zu finden; dieselbe vermag aber in Verbindung mit noch anderen bewährten Mitteln auch bei solchen verkommenen Pflänzlingen noch namhaftes zu Wege zu bringen, bei denen nach dem ersten Blicke alle Kunst vergeblich zu sein scheint.

Bei sehr verkommenen, schon älteren Pflanzen, und überhaupt in Kämpen, in denen die so nöthige Kräftigung des Bodens verabsäumt ist, und man dadurch ein mangelhaftes Wurzelsystem erzeugt hat, vermag natürlich die Schneidelung allein auch keine Wunder hervorzubringen. Hier können hin und wieder andere Mittel einer späteren Schneidelung helfend vorausgehen:

Oft wirkt schon wiederholte Bodenlockerung, wodurch die düngenden Theile der Atmosphäre dem Boden zugänglicher werden, einiger Maßen auf Anregung der anscheinend verloren gegangenen vegetativen Thätigkeit; oft auch wird das Stummeln der jungen Pflanze, durch Abschneiden derselben über dem Boden und die Pflege der kräftigsten, neu erscheinenden Loden durch den Schnitt erfolgreich sein, obgleich auf sehr verarmtem Boden und bei mangelhaftem Wurzelsystem auch dadurch nicht immer das Gewünschte erreicht wird. Hingegen hat sich zu Folge neuerer Beobachtungen die Laubeinstreu als ein sehr wirksames Mittel, verkommenen Eichen wieder aufzuhelfen, bewährt[1]). Man hat nämlich im Monat April solche schon verloren gegebene Eichenpflanzen, welche man sonst ohne Weiteres wegwerfen müßte, so hoch mit Laub gedeckt, daß von denselben fast nichts mehr zu sehen war, in Folge dessen die schönsten, stufigen Pflanzen aus den alten Kümmerlingen hervorgingen, bei welchen sich die frühere Astbildung durch gänzliche Verrottung unter dem Laube verloren hatte, um einen einzigen, neuen Schoß zu entwickeln, der durch Schneidelung in kurzer Zeit zum stufigen Heister herangezogen werden kann.

Die Erziehung der Eiche in Saatkämpen ist nach dem Zwecke der Heranbildung zur Loden- oder Heisterstärke, oder des Auspflanzens im einjährigen Alter ins Freie vom Verfasser verschiedenartig in Ausführung gebracht worden.

Erziehung solcher Eichen, welche zur Erlangung der Loden- oder Heisterstärke in Pflanzkämpe umzuschulen sind.

Wie schon oben angedeutet, unterliegt die Eiche bei der Fortzucht in Pflanzkämpen, gewissen Einschränkungen in Hinsicht auf die Wurzelausbildung, und muß deßhalb schon bei Zubereitung der Saatfläche auf eine, dem zukünftigen

---

[1]) Im Herbst 1858 aus Rillensaat erzogene und bis zum Frühjahr 1864 zweimal umgeschulte Eichen befanden sich im Frühjahr 1865, welches sich durch große Dürre und Regenmangel auszeichnete, in einem so hoffnungslosen Zustande, daß sie, selbst zum Zwecke der Schneidelung, als vollständig untauglich angesehen werden mußten. Die meisten Pflanzen waren wipfeldürr, und zwar die kräftigeren, welche beim Umschulen gesondert wurden, $1\frac{1}{2}$ bis 2 Fuß, die schwächern circa $\frac{1}{2}$ Fuß hoch; der Boden war kalter Lehm mit Grauwacke Untergrund, in rauher und kalter Lage.

Unter diesen Verhältnissen wurde im April die Laubdecke so stark hergestellt, daß der größte Theil der Pflanzen dem Auge vollständig verschwand. Um dem Laube Halt zu schaffen und vor dem Fortwehen durch den Wind zu schützen, wurde dasselbe mit Reisern belegt. Schon nach mehreren Wochen erschienen kräftige Eichentriebe über der Laubdecke, welche der Spätfrost aber leider vernichtete, so daß abermaliger Ausschlag sich entwickelte, der im Lauf des Sommers einen durchschnittlichen Längentrieb von 16″ machte, einzelne Exemplare sogar 24″ bis 30″. Die stärkeren Eichen, die also nur theilweise im Laube standen, trieben nicht so stark, entwickelten aber trotzdem noch einen durchschnittlichen Höhenwuchs von 12″, bei zugleich normaler Astbildung. Leider ist der vorstehende der einzige derart ausgeführte Versuch, so daß es sehr wünschenswerth erscheint, daß das hier kurz Angedeutete zu weiteren Experimenten, auch unter anderen Oertlichkeiten, anregen möge.

Wurzelbau entsprechende, nicht zu tiefe Bodenbearbeitung hingewirkt werden. Zu diesem Zwecke ist die Saatfläche im Herbst vor der Benutzung oder, wo es die Umstände zulassen, noch früher mit der Stockhaue roh durchzuarbeiten, so daß dieselbe möglichst offen und der Atmosphäre zugänglich ist. Im zeitigen Frühjahr erfolgt dann eine abermalige Bodenlockerung, wobei zugleich alles Gewürzel, Rasenüberreste und dergleichen Abfälle zu Asche zu brennen und als solche dem Boden wiederzugeben sind. Kann dabei das Feuer über die ganze Saatfläche geleitet werden, so wirkt dies sehr günstig auf Bodenlockerung und Pflanzenwuchs. Eine Düngung mit gut präparirter, möglichst abgelagerter Composterde, die auf der ganzen Fläche mehrere Zoll hoch auszubreiten, ist für die Erziehung kräftiger Pflänzlinge, wie solche der Schneidelung in Kämpen erwünscht sind, durchaus nöthig und von sehr gutem Erfolg; beim nachherigen Umspaten des Kampes ist auf möglichst gleichmäßige Vermischung des Düngers mit der rohen Erde zu achten; man greife aber beim Umspaten nicht zu tief, damit die bessere Bodenschicht oben bleibt.

Hinsichtlich der Wahl der Oertlichkeit für den Saatkamp ist noch zu bemerken, daß es sich da, wo es sich nicht um eine sehr ausgedehnte Pflanzenerziehung handelt, empfiehlt, sogenannte Wanderkämpe, d. h. kleine, vorübergehende Flächen, auf alten Kohlenweilerstellen und sonstigen, nicht verödeten Bestandeslücken zu wählen, wo die Bodenbearbeitung eine weniger kostspielige ist und ein mäßiger Seitenschutz des Bestandes den Höhenwuchs der Pflanzen vortheilhafter anregt[1]), als in Freilagen, zu wählen; nachtheilige Beschattung ist selbstredend zu vermeiden, zugleich aber an Berghängen und Schluchten durch Herstellung von Fanggräben auf die Ableitung des Außenwassers zu achten.

Zur Ueberwinterung des Samens wurde die v. Manteuffel'sche Methode[2]) mit sehr günstigem Erfolg angewendet, seitdem mit Rücksicht auf die sehr häufigen Schäden durch Mäuse nur Frühjahrssaaten zur Anwendung kommen konnten.

Die Aussaat erfolgte in 3 bis 4" breiten Rillen, und um die Eicheln von faulen, wurmstichigen und sonstwie untauglichen zu befreien, wurden sie geschwemmt, wobei der unbrauchbare und nur in Ausnahmsfällen noch keim-

---

[1]) So sehr auch die Eiche, als Lichtpflanze, schon im Pflanzkamp zu ihrem Gedeihen die Freilage bedingt, so günstig wirkt ein angemessener Seitenschutz, wie ihn auf Blößen der angrenzende Bestand herstellt, beim Keimling auf kräftigen Höhenwuchs.

[2]) Herr v. Manteuffel überwintert die Eicheln folgender Art: In nicht zu lockerem Boden wird ein etwa 1 Fuß tiefer Graben ausgeworfen und so lang gemacht, daß nach Einbringung der Eicheln, welche 3/4 Fuß aufzuschütten sind, noch ein leerer Raum von 4 bis 6 Fuß übrig bleibt; dann werden die gut abgetrockneten Eicheln eingeschüttet, nachdem ein Dach von Stroh, Schilf ꝛc. darüber errichtet wurde, welches das Eindringen von Regen zu verhindern hat nnd am Giebel einen Eingang offen läßt, so daß die Eicheln wöchentlich zwei bis dreimal umgeschaufelt werden können, was der oben erwähnte leere Raum begünstigt. Bei starkem Froste ist der Eingang gut zu verschließen.

fähige Same obenauf schwimmt. Zu Saaten in kleinen Kämpen, welche den Zweck haben, das Material für Heisterkämpe zu erziehen, sollte man jedoch den Samen außerdem noch mit der Hand sortiren, um möglichst gleichmäßig entwickelte Pflanzen erziehen zu können und später für die Schneidelung nicht vieles untaugliche Pflanzenmaterial, welches dem tauglichen nur den Wachsraum beengt und Nahrung raubt, wegwerfen zu müssen. Besonders reifer und großkörniger Same liefert auch stets seiner Individualität entsprechende Pflanzen.

Ferner läßt sich die richtige Lage der Eichel im Brutbett dadurch leicht herstellen, daß man die Saatrillen mit einer entsprechend breiten Latte eindrückt, oder mit einer beschwerten Schubkarre, deren Rad etwa die Breite der Saatrillen hat, an der ausgezogenen Culturleine hinfährt, und somit durch die Spur des Rades eine gleichmäßige und glatte Saatrille herstellt. Zur Vollsaat hingegen müßte die gauze Fläche festgeschlagen werden, so daß alle Unebenheiten schwinden, und beim Säen die Eicheln von selbst die wagerechte, naturgemäße Lage einnehmen und auch beibehalten, wenn die Fläche später vorsichtig übererdet wird.

Das Uebererden muß mit kräftiger, präparirter Erde, deren düngende Bestandtheile durch Regenfall der nächsten Beetschicht zugeführt werden, und so den Keimling zur Entwicklung von flachen Saugwurzeln anregen, geschehen, und darauf geachtet werden, daß eine möglichst gleichmäßige, nicht über 2 Zoll starke Deckung des Samens eintritt.

Es sei hier der Gewinnung und Präparation der Culturerde noch Erwähnung geschehen: Dieselbe ist nach ihrem Zwecke, ob sie zur Kräftigung der Kampfläche, oder speciell als Beigabe für einzuschulende Pflänzlinge verwendet wird, mit mehr oder weniger Sorgfalt zu behandeln. Die Verbesserung der Kampfläche hat nach Maßgabe der Verhältnisse einen mehrfachen Zweck, nämlich den, den Boden zu düngen, zu lockern, oder auch zu binden.

Den kalten und festen Bodenarten, besonders dem Lehmboden, setze man lockere Erde zu, wofür sich besonders alte Kohlenmeilererde, roher Waldhumus, verlegene und verfaulte Holzabfälle, auch wohl Sand eignen. Dem lockern, zum Austrocknen, auch wohl zum Ausfrieren geneigten Boden, wohin besonders die zu Saatkämpen gern verwendeten alten Kohlenmeilerstellen zu rechnen sind, binde man durch festere Erdarten, wie Lehm, der jedoch vorher ein oder mehrere Jahre der Atmosphäre auszusetzen ist.

Der zur directen Beigabe für die Pflanzen bestimmte Kompost, welcher sich bei Laubhölzern nur mangelhaft durch Rasenasche, die ihre Kraft zu schnell verliert, ersetzen läßt, fordert eine besondere Zubereitung und längere Lagerung. Die obersten Theile der Kohlenmeilerstellen mit schlammigen Grabenauswürfen, verrottetem oder zerfahrenem Waldhumus aus Schluchten und Wegen, mit kräftiger Rasenasche, oder noch besser Holzasche gemengt und mit Laub oder Nadelstreu schichtenweise zu Haufen aufgesetzt und später öfter umgestochen, liefern einen vorzüglichen Kompost. Unkrautabfälle aus Kämpen halte man zn Rathe, zu Haufen fest zusammengeschichtet und mit anderen düngenden Stoffen vermischt, verrotten sie bald. Ameisenhaufen, die in der Nähe der Kämpe gefährlich werden[1]), brenne man zu Asche, dies ist der Guano des Waldes, aber ohne Beimischung anderer Erdarten zu scharf für die Wurzel junger Pflanzen. Kalk[2]) habe ich versuchsweise zugleich der Culturerde zur Entsäurung beigegeben, aber eher Nachtheile, als Vortheile für den Pflanzenwuchs erzielt, während Gips, Knochenmehl und Holzasche[3]), als Blattdüngung angewendet, eine günstige Wirkung hervorbrachten.

Im Allgemeinen ist die Aufmerksamkeit für Gewinnung von gutem Kompost und sonstiger Culturerde nicht genug anzuempfehlen. Bei Wegebauten, Grabenanlagen 2c. sollte man überall die obere humusreiche Erdschicht, Rasenabfälle und dergleichen mehr zur gelegentlichen Benutzung aufhäufen, bei Waldfeuern auf Schlägen, Culturstellen 2c. die zurückbleibende Asche sorgsam zusammenbringen und bis zum Gebrauch mit Rasenplaggen bedecken. Auswürfe von alten Abzugsgräben, abgeschwemmter Waldhumus in Schluchten sind oft wahre Goldgruben für den aufmerksamen Forstmann, bleiben aber leider allzuoft unbeachtet.

Was im Allgemeinen die Wahl der Oertlichkeit für Eichenpflanzkämpe da anlangt, wo die ständigen Kämpe den sogenannten Wandelkämpen vorgezogen werden, so ist vor Allem solchen Lagen aus dem Wege zu gehen, die den Spätfrösten im Frühjahr stark ausgesetzt sind. Man vermeide daher alle Niederungen, unmittelbare Nähe von Wiesen-, Fluß- und Bachthälern, trotz der hier oft günstigen Bodenverhältnisse, und wähle lieber Höhenlagen, oder besser einen sonst geeigneten Abhang, überhaupt solche Stellen, wo der Luftzug geringen Zugang findet, wenigstens nicht total abgesperrt ist und ersetze mangelhafte Bodengüte durch gute Culturede, was sich reichlich belohnen wird

---

[1]) Die große Waldameise sucht besonders frisch umgeschulte oder kurz verpflanzte Eichen, die im Frühjahr oft sehr spät, wenn andere Eichen und sonstige Holzarten sich längst belaubt haben, in Vegetation treten, auf, indem sie jeden hervorbrechenden Blattkeim abnagt. In Eichenheisterpflanzungen hatte ich die Gelegenheit, zu sehen, wie die Ameisen von ihren gemeinschaftlichen Wohnungen aus mehrere hundert Schritt weit die einzelnen Pflanzen aufsuchten, so daß letztere theilweise bis zum Herbst hin vollständig blattlos blieben. Durch Anprallen mit einem Stock fallen die ungerufenen Gäste zur Erde, aber nur, um wieder zurückzukehren und zu Hunderten ihre Verwüstungen fortzusetzen, so daß diesem Umstande manche, nicht ganz kräftige Eichenpflanze ihren Untergang zu danken hat.

[2]) Selbst, wenn mit Kalk versetzte Kulturerde mehrere Jahre lagert, ehe sie den Pflanzen beigegeben wird, erzeugt dies an den Wurzelspitzen einen weißen, schwammartigen Anflug, was mich zu der Annahme veranlaßt, daß die an den Spitzen der Wurzeln zur Aufnahme des Nahrungsstoffes sich befindenden Organe (Wurzelhauben) zugleich auch aussondern und so den Kalk als einen der vegetationsfähigen Saftmasse nachtheiligen Stoff ausscheiden.

[3]) Verfasser kannte früher einen Communalförster, welcher, sobald die Revier-Bereisung der höheren Vorgesetzten zu erwarten stand, seine kümmerlichen, mattgelben Fichten-Kamppflanzen bei starkem Thau mit Holzasche überstreute und dadurch eine lebhafte Farbe der Nadeln für kurze Zeit erzielte.

und für zu schneidelnde Pflanzen Bedingniß ist. Ferner ist voller Lichtzutritt ein Haupterforderniß, und sind vor Allem schattenwerfende Holzwände, oder ältere Bäume unmittelbar an der Morgenseite zu vermeiden, da hauptsächlich die Morgensonne günstig auf das Gedeihen der Pflanze einwirkt, während Schatten von der Mittagsseite weniger nachtheilig, ja unter Umständen vortheilhaft wirkt.

Auf die nahe Lage des Kampes an der späteren Culturstelle kann nicht immer Rücksicht genommen werden, obgleich, wenn die Oertlichkeit es gestattet, dies schon der Transportkosten wegen nicht außer Acht bleiben darf. Mehr Berücksichtigung verdient hingegen der Umstand, daß der Kamp nicht zu weit vom Wohnorte der Personen, denen die Pflege desselben obliegt, entfernt ist. Auch die Nähe von Wasser verdient, besonders für leichte Bodenarten, einige Beachtung.

Für die Bodenbearbeitung in Pflanzkämpen ist tiefes Riolen nicht zu empfehlen, um die Entwickelung der Pfahlwurzel möglichst zu beschränken; es wird daher im Allgemeinen die gewöhnliche Herstellungsweise von Saatkämpen auch hier genügen, obgleich man wohl etwas tiefer greifen kann, besonders, wenn es sich um Erziehung von starken Heistern handelt. Man darf aber dabei nicht immer außer Acht lassen, daß die bessere Erde stets in der oberen Beetschicht bleibt.

Eine Umfriedigung der Kämpe ist wohl in den meisten Oertlichkeiten zum Schutz gegen Wild, Vieh oder ruchlose Menschenhände, nicht zu verabsäumen, nur handelt es sich bei deren Herstellung um die billigste und dauerhafteste Art und Weise. Wo kurzes, buschiges Unterholz zu Gebote steht, empfehlen sich, zwischen drei Reihen horizontal an eichene Pfähle befestigten Stangen, senkrecht geflochtene Spriegel- oder Reiserzäune, die man ab und zu mit frischem Holz wieder nachflechten und so immer dicht erhalten kann. Dauerhafter freilich sind stärkere Spriegelzäune von längerem Gertenholz, welches man zwischen vier Fuß entfernten, an der Spitze im Feuer gebrannten Eichenpfählen horizontal, abwechselnd von beiden Seiten einflechtet, während ganz starke Latten- oder Pallisaden- und Plankenzäune zuviel Holz kosten und daher wohl nur bei ganz großen, dauernden Kampanlagen sich empfehlen dürften.

Einer praktischen, vielleicht noch nicht allerorts bekannten Anfertigungsweise der Kampthüren, wobei alle eisernen Beschläge vermieden werden, sei hier noch kurz gedacht: Man fertigt auf gewöhnliche und bekannte Art und Weise eine Lattenthür aus leichtem Holze an und läßt die Querleisten an beiden Seiten über die letzte Latte hinaus um etwa 6 Zoll überstehen, so daß dieselben hinter die, an den Seitenpfosten entsprechend angenagelten Angeln (Fig. 20 a) eingreifen. Die Angeln sind nach Fig. 20 A aus einem etwa 6 Zoll langen und 3 Zoll im Quadrat starken Stück hartem Holz anzufertigen, an denen man das Lager für die Querleisten der Thüre mit einer Säge einschneidet; hierbei läßt sich die Thüre leicht aus- und einheben.

Fig. 20.

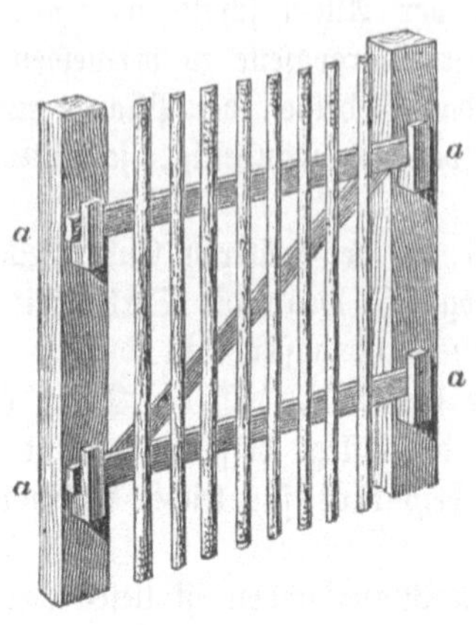

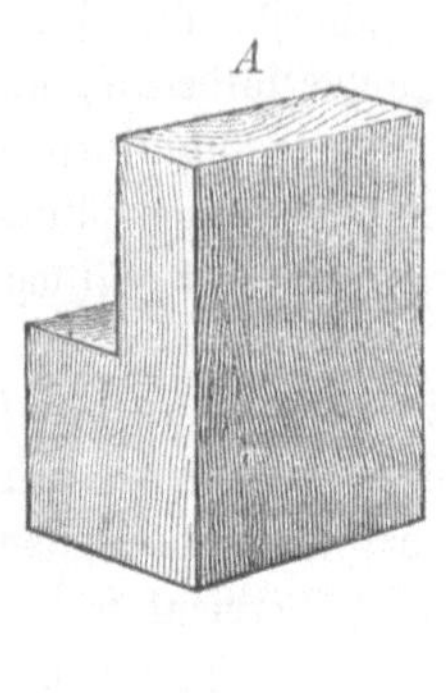

So leicht nun auch sich der Kamp gegen Schäden durch Wild und Vieh schützen läßt, so schwierig wird oft die Gewährung von sicherndem und dauerndem Schutz gegen Insekten. Namentlich ist der Schaden, den einige Arten von Rüsselkäfern den jungen Eichen bringen, oft beträchtlich. Besonders um Johanni, wo die Eiche in der Entwickelung des zweiten Triebes steht, fand ich eine Art Rüsselkäfer, die ich für Curculio viridicollis halte, in größerer Anzahl in den Kämpen vor; dieselben zernagten die zartesten Theile der jungen Triebe, so daß diese herunterknickten und dadurch die Eiche in der Höhenentwicklung zurückgehalten und vielfach zu schirmförmiger Kronenbildung veranlaßt wurde. Durch tägliches Aufsuchen der Käfer, was sich in kleineren Kampanlagen wohl eigenhändig, ohne Lohnarbeiter, ausführen läßt, vermochte ich dem Uebel einigermaßen vorzubeugen, da die noch nicht über die Hälfte durchnagten Höhentriebe die Schäden wieder ausheilten. Die Käfer fanden sich hauptsächlich gegen Mittag, nachdem der Thau von den Blättern verschwunden war, ein, und setzten dann den Fraß bis zum Abend hin fort, wobei sie vor Allem die kräftigsten Pflanzen und Triebe angingen. Gesättigt, zieht sich der Käfer meist auf die untere Blattseite zurück und läßt sich bei geräuschvoller Annäherung des Menschen zu Boden fallen.

Auch eine Art von Apoderes macht sich in den Eichenkämpen, weniger durch seinen Fraß, als durch sein auffälliges dütenförmiges Zusammenrollen der Blätter, worin er seine Eier legt, bemerklich. Das Insect erscheint in größerer Zahl, und zwar von Johanni ab, bis spät in den Herbst und mag in diesem Falle wohl der Pflanze Nachtheile bringen, indem die Bewegung des Saftes gestört wird und so der Zuwachs leidet. Der sehr in die Augen fallende, rothe Käfer läßt sich leicht sammeln. —

Am vortheilhaftesten erfolgt das Umschulen der Pflänzchen schon im einjährigen Alter (bei schwächlichen Pflanzen aber ein Jahr später), was sich bei noch gering ausgebildeten Seitengewürzel auch mit dem v. Buttlar'schen Eisen ausführen läßt, indem man mit demselben auf die bekannte Art und Weise ein Loch in den Boden stößt, die Pflanze bis über den Wurzelknoten hineinhält, dann das Loch mit kräftiger, alter Humuserde anfüllt und schließlich jenes mit beiden Händen senkrecht andrückt.

Wo man hingegen die Vorurtheile gegen das v. Buttlar'sche Eisen nicht überwinden kann, läßt sich vortheilhafter die im Anhange beschriebene Pflanzenkelle, die aber ebenso für schon ältere Pflanzen berechnet ist, gebrauchen, indem man zuvor mit einer Haue eine tiefe Rille an der ausgespannten Leine bildet und dann in dieser mit der Kelle durch Auswerfen der Erde in entsprechendem Abstande die nöthigen Vertiefungen für die einzelnen Pflanzen herstellt. Es erfordert aber die Anwendung der Kelle um ein Drittel mehr Zeit als die des Eisens.

Die Pflanzen werden entweder nach einer ausgespannten Leine oder aber, wo man mehr auf Accuratesse und ganz gleichmäßigen Pflanzenverband sieht, nach einer mit Zeichen versehenen Latte, am angemessensten in 6 Zoll Ent fernung, bei einem 1 oder $1\frac{1}{2}$füßigem Reihenabstand, umgeschult.

Damit der lockere Beetgrund durch die Arbeiter nicht zu fest getreten wird, ist es rathsam, das Umlegen der Pflanzen nur von den Wegen aus, die der späteren Schneidelung wegen offen bleiben müssen, zu bewerkstelligen. Hält z. B. jedes Beet vier Reihen Eichen, so legt man von jeder Seite vom Wege aus zwei Reihen um, wobei nur die Latte beim Herumtreten auf die andere Seite des Beetes entsprechend umgekantet zu werden braucht.

Als Mittel zum Treiben und zur Erziehung baldigen Bodenschutzes, hat man hier und da die Eichen in Wechselreihen mit Nadelholz (Fichte und Lärche) durchstellt, dies Verfahren wird aber da wirkungslos, wo man sorgfältig und regelrecht schneidelt.

Günstiger wirkt das Bedecken der Pflanzenbeete mit Moos, wo nicht Spätfröste im Frühjahr zu fürchten sind, welche durch die Moosdecke begünstigt werden, da diese die atmosphärischen Niederschläge länger über der Erdoberfläche zurückhält.[1])

Auch eine Laubdecke hat sich in den Kämpen überall bewährt, welche jedoch das Unangenehme hat, daß sie vom Winde, trotz aller Gegenmittel, wie Aufstreuen von Erde und Decken mit Reisern, leicht fortgeweht wird und den Kamp verunreinigt. Wiederholtes Durchhacken der Beete zwischen den Pflanzen hat sich, selbst bei trockenem Wetter, als Mittel den Pflanzenwuchs zu fördern, empfohlen, während man bei Bodendeckungen häufig dadurch fehlt, daß man eine einmal angewandte Deckung oft beim Umschulen der Pflanzen nicht wieder erneuert; in Folge dessen leiden junge Pflanzen über dem Wurzelknoten, wo die

[1]) Einen analogen Fall finden wir beim Hackwaldsbetriebe, wo der aufgehäckelte lockere Boden die Frostschäden bedeutend mindert.

Rinde durch die schützende Decke verweichlicht ist, durch den Rindenbrand, kümmern dann, ja sterben oft sogar ab.

Nach erfolgtem Ausheben der Pflanzen im Saatkamp wird zur Schneidelung derselben geschritten, und zwar am sichersten und bequemsten, bevor die Pflanze bei dem vorbeschriebenen Umlegen wieder in die Erde kömmt. —

Ehe auf das Specielle des Verfahrens hier näher eingegangen wird, erlaubt sich der Verfasser, nachfolgende Bemerkung einzuschalten:

In einer im April 1865 durch das Königl. Finanzministerium den Forstbeamten zugefertigten Anleitung für das Schneideln der Eiche in Pflanzkämpen, welche unter Leitung des leider zu früh verstorbenen Herrn Oberforstmeisters Wasserburger zu Trier zu Stande kam, ist das Verfahren besonders beschrieben. Zu jener Zeit waren jedoch die fraglichen Operationen noch neu, und die Urtheile verschiedener practischer Forstleute wichen in einzelnen Punkten mehr oder weniger von einander ab, was selbstredend bei Zusammenstellung jener Anleitung und der erwünschten Kürze der Darstellung nicht genügend Berücksichtigung finden konnte.

Der Verfasser stellt nun im Nachfolgenden die vier verschiedenen Operationen, hinsichtlich Verschulung junger Eichenkamppflanzen analog jener Anleitung zusammen, glaubt aber im Interesse der Leser und der guten Sache zu handeln, wenn er bei den einzelnen Methoden die inzwischen gewonnenen Erfahrungen in Form einer „Bemerkung" kurz beifügt. — Sonach zur Sache:

Je nach dem stattgehabten Ausbildungsgrade der jungen Eiche ist der zu führende Schnitt abweichend, aber stets analog mit dem Wipfelschnitt bei schon älteren Stämmen, weshalb gleichzeitig bei den nachfolgend beschriebenen vier verschiedenen Operationen auf jenen mit Bezug genommen werden wird.

Die Operationen erfolgen durch

1) das Knospenverbrechen, welches an solchen Pflänzchen stattfindet, wo Johannistriebe nicht entwickelt wurden, und der endständige Quirl am Frühjahrstriebe vollständig reif und genügend verholzt ist.

Sonach ist das Original Fig. 21 ganz analog der Fig. 11 (s. Wipfelschnitt) behandelt worden.

Bemerkung. Bei allen einjährigen Eichen, die wegen ungünstiger Einflüsse — spätes Keimen, starke Samendecke, anhaltende Dürre, armer Boden — nicht zur Entwickelung der zweiten Jahrestriebe gelangen, sind in der Regel die endständigen Quirle so genügend verholzt und so vollständig entwickelt, daß sie das Ausbrechen der nebenständigen Quirlknospen (cc) ohne Nachtheile hinnehmen. Für das Ausbrechen der unterständigen Seitenknospen (b) gilt auch hier das schon zuvor beim Wipfelschnitt in dieser Beziehung angedeutete, wonach solches in dem einen Fall unterbleiben kann, in dem anderen Falle aber zweckmäßig erscheint.

Das Verfahren des Knospenverbrechens bei ganz jungen Eichen wird vielfach als unvortheilhaft und zeitraubend hingestellt. Es wird daher für Diejenigen, welche diese Knospenoperationen besser zu umgehen glauben, sich empfehlen, die Pflanzen erst im zweijährigen Alter umzuschulen und erst dann die Schneidelung nach nach einer der nachfolgend beschriebenen Methoden eintreten zu lassen. Jedoch auch in diesem Falle wird der Schneidelung noch

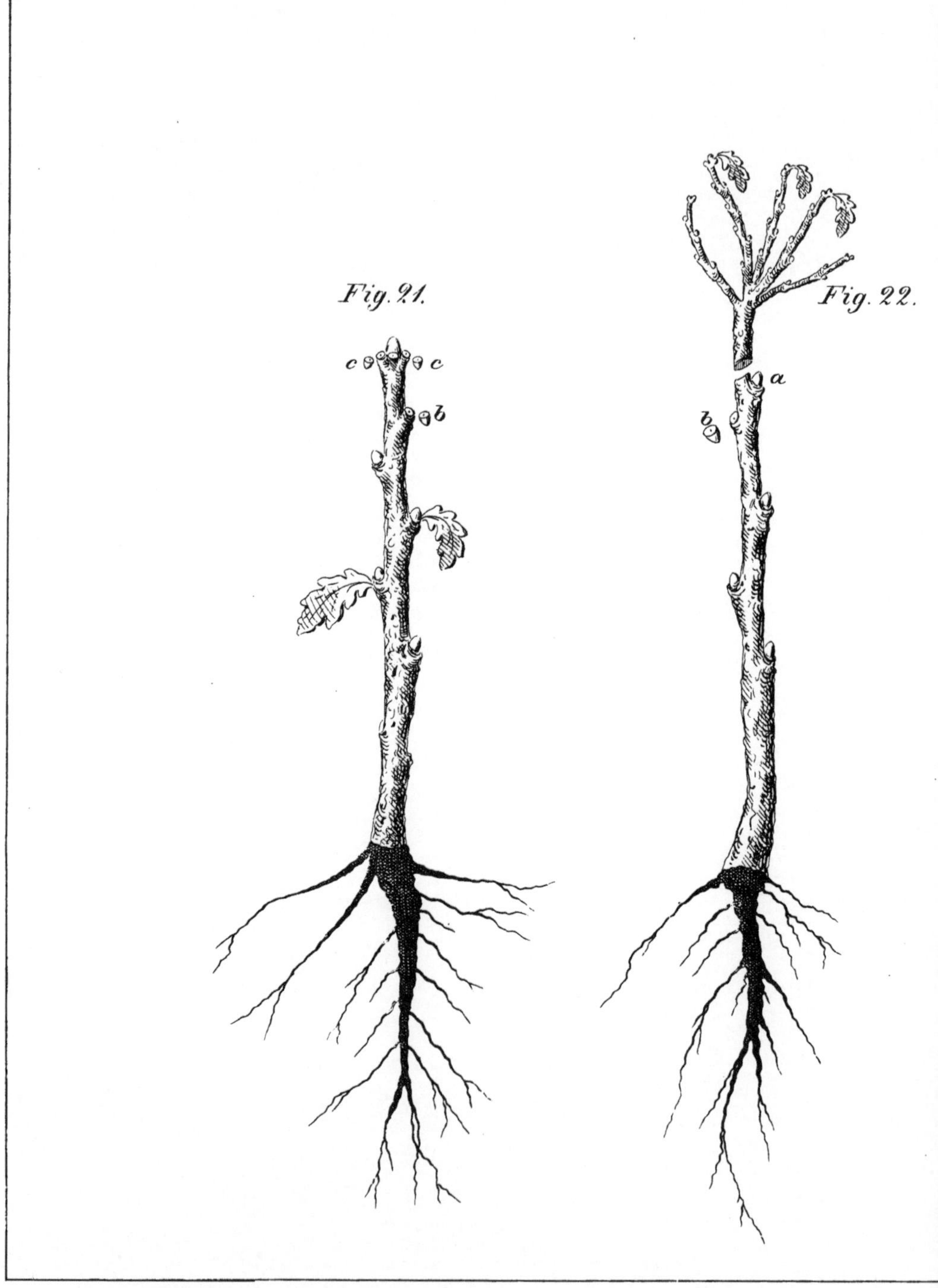

C. Schulz, Pflege der Eiche

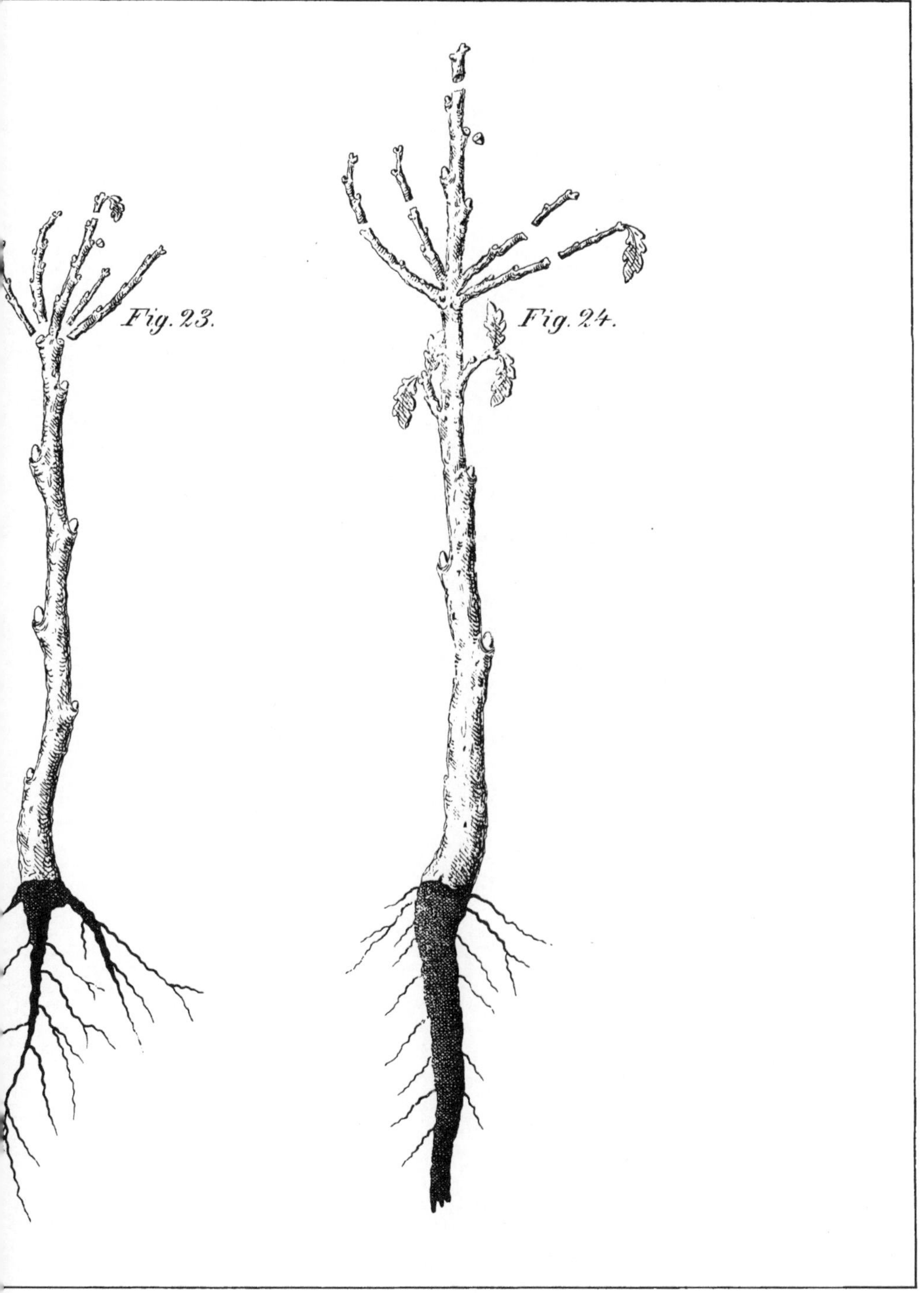

ad Setten 16

kein recht erfolgreiches Feld geboten, wenn der Boden nicht durch reichliche Nährstoffe potenzirt worden ist, was der Verfasser für ein Haupterforderniß im Sinne der hier beschriebenen Methode hält.

2) Das Entfernen des ganzen Johannisquirltriebes mittelst Zurückschneidens desselben bis auf eine geeignete Seitenknospe am Frühjahrstriebe. Dies Verfahren hat sich da bewährt, wo unvollkommene und nachtheilig beeinflußte Johannistriebe die Befähigung zur ferneren Leitreisbildung nicht besitzen, sobald im älteren Holze überhaupt gesunde Knospen sich vorfinden. Sonach wurde in Fig. 22 die gesunde Knospe a, analog Fig. 13, beim Wipfelschnitt, überschnitten und gleichzeitig die gegenüberstehende Seitenknospe b verbrochen, da die letztere, als sehr nahe stehend, in ihrer späteren Entwickelung mit dem aus a zu erwartenden Höhentriebe voraussichtlich zu einer Gabel oder schirmförmigen Krone sich formiren würde.

Bemerkung. Die Beobachtungen haben ergeben, daß die ad 2 beschriebene Operation eine sehr erfolgreiche ist, sobald nachtheilig beeinflußte und überhaupt in jeder anderen Weise abnorm entwickelte Pflänzchen schnell noch zu regelrechten Pflanzen herangebildet werden sollen.

3) Das Entfernen der überzählig werdenden Quirltriebe und Isolirung des geeignetesten derselben zum bleibenden Höhentriebe.

Dies Verfahren findet bei ganz gleichmäßig ausgebildeten Quirltrieben, von denen keiner als Höhentrieb besonders dominirt, Anwendung.

Hiernach ist das Original in Fig. 23, ganz analog der Fig. 15, (s. Wipfelschnitt) behandelt worden.

Bemerkung. Wo diese Operation zu umständlich, oder der zukünftigen Stammbildung nicht förderlich erscheint, kann dieselbe durch Anwendung der ad 2 beschriebenen Methode vermieden werden. Im Uebrigen bewahrheitet sich die auf Seite 45 angehängte Bemerkung auch hier.

4) Das Einstutzen der Quirltriebe (Aeste) über einer abwärts gerichteten Knospe und Behandlung des durch die Natur dominirend gestellten Triebes (Wipfel) analog Fig. 11 oder 12 beim Wipfelschnitt.

Dies Verfahren bewährt sich besonders, wo ein Trieb, in der Regel der mittelständige Quirltrieb, bereits als Wipfel dominirt und zugleich vollständig entwickelt und verholzt ist, wie solches schon beim Wipfelschnitt, Fig. 14, dargestellt wurde (s. Fig. 24).

Bemerkung. Die ad 4 angegebene Operation kann alle zuvor beschriebenen ersetzen, wenn die nicht bis zu diesem Entwicklungsgrad gelangten Pflanzen mit der Schneidelung noch verschont werden, oder wenn man solche überhaupt nicht zum Verschulen für Heisterkämpe verwendet.

In diesem Falle dürfte es sich empfehlen, nur ganz normal und kräftig entwickelte ein- oder mehrjährige Pflanzen zu vorliegendem Zwecke zu verwenden, alle sonstigen, mangelhaft entwickelten und schlecht organisirten Pflänzlinge aber zu Stummelpflanzen für den Niederwald ꝛc. auszusondern.

Selbst ganz verkommene Pflänzlinge werden aber nöthigen Falls immer noch zu recht brauchbaren Heistern sich heranziehen lassen, wenn man sie auf die Wurzel setzt und den neuen Ausschlag durch Schneidelung pflegt.

Hinsichtlich des **Wurzelschnittes** bei umzuschulenden 1 oder 2jährigen Eichen ist noch zu bemerken, daß der Verfasser solchen nicht in allen Fällen für nothwendig hält.

Durch das Kürzen der Pfahlwurzel will man die Entwickelung des Seitengewürzels begünstigen, und überhaupt das Wurzelsystem für ein späteres Anwachsen der Pflanze geneigter machen. Dieser Zweck wird aber leicht verfehlt, da die junge Pflanze in der Regel schnell das Verlorengegangene wieder zu ersetzen strebt, siehe Fig. 25, und so beim späteren Umschulen oder Versetzen ein abermaliges, nachtheiliges Nachschneiden der Wurzel nöthig macht. Dies wird eher vermieden, wenn man die Spitze der Pfahlwurzel nach oben krümmt, wie solches beim Umschulen oft ausführbar ist, indem dann jene durch Reproduction eines neuen Seitenwurzelsystems, siehe Fig. 26, sich entschä-

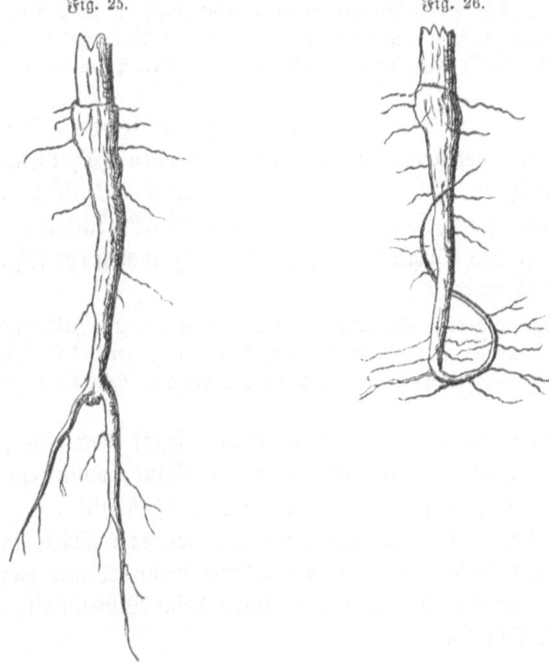
Fig. 25. Fig. 26.

digt. Selbst die beim Umpflanzen knotenförmig verschlungenen Pfahlwurzeln versagen ihre Dienste nicht, begünstigen im Gegentheil die seitliche Ausbildung der Wurzeln und gewähren dem Einstutzen gegenüber den Vortheil, daß die äußersten Wurzelspitzen erhalten werden, denen allein das Geschäft der Aufnahme des im Boden befindlichen Nahrungsstoffes obliegt.

Nach dem erfolgten Umschulen der Pflanzen ist, bis auf kleine Schaftkorrecturen, wenig zu schneiden, wenn nicht jene ungünstigen Einflüssen unterliegen. Zurückbleibende Stämmchen, die hier oft noch wie einjährige Eichen auftreten, sind nochmals, wie zuvor angegeben, zu behandeln. Etwa jetzt schon entstehende Gabeltriebe, die im jugendlichen Alter am gefährlichsten werden, oder sich entwickelnde stärkere Aeste, sind nach der allgemeinen Vorschrift zu beseitigen. Erfrorene, oder vom Curculio befallene Höhentriebe sind zurückzuschneiden und die Isolirung einer Höhentriebsknospe wird unter Umständen wiederkehren müssen. In dieser Weise müssen sich die Operationen derart fortsetzen, daß die Pflanze ein kegelförmiges Aeußeres erreicht und beibehält, und daß viele schwache Aeste mit reicher Belaubung sich bilden, welche als günstige Saftleiter einen gleichmäßigen Saftumlauf, normale Schaftbildung und kräftigen Höhenwuchs bewirken.

Es kann jedoch im Allgemeinen auch hier nicht genug vor zu starkem Schneideln gewarnt werden; nirgends darf der Höhenwuchs auf Rechnung der Stufigkeit der Pflanze erzwungen werden, denn eine erfolgreiche Kampwirthschaft ist nur durch die Verbindung einer guten Bodenzubereitung mit einem mäßig und umsichtig geführten Schnitt möglich.

Sobald die Eiche reif zur abermaligen Umschulung[1]) geworden ist, was durch den engeren oder weiteren Verband und das Unterdrücktwerden einzelner Pflanzen bedingt wird, erfolgt das Versetzen in einem solchen Verbande, daß selbst die Seitenäste bei völligem Lichtgenuß sich angemessen entwickeln und vollkommen belauben können. Ein sofortiges, vor, oder gleich nach dem Versetzen vorzunehmendes Schneideln hält Verfasser hier nicht für gut, vielmehr muß erst die Störung des Versetzens für die Pflanze überwunden und völlige Anwurzelung erfolgt sein. Bei frisch verpflanzten oder umgeschulten, besonders älteren Eichen versagt die noch nicht angewachsene und nicht wieder vollständig in Activität getretene Wurzel theilweise die Funktion der Nährstoffszuführung; dies muß, meiner Ansicht nach, durch sorgfältige Erhaltung einer möglichst vollen Ast-, resp. Blattmenge, welche die atmosphärischen Nährstoffe der Pflanze zuführt, ersetzt werden, und zwar um so mehr, je ärmer und unkultivirter der Boden und je älter die Pflanze ist. Für ganz junge und besonders einjährige Kamppflanzen kommen diese Gründe wohl weniger in Betracht. Die feinen und reich behaarten Wurzeln junger Pflanzen wachsen im humusreichen, lockeren Kampboden, wo ihnen das Suchen nach geeigneten Nahrungsstoffen erspart wird, schnell an und ersetzen den geringen Verlust an Nahrung, der durch den Schnitt, in Folge der Beseitigung von Ernährungsorganen, veranlaßt wird, jedenfalls leichter.

Der beste Zeitpunkt zur Ausführung der Schneidelungen in Kämpen ist im allgemeinen der Winter, während geringe Schaftcorrecturen wohl hin

[1]) Unter Umständen könnte die Pflanze als nunmehrige Lode schon ins Freie versetzt werden, was jedoch im Allgemeinen nicht rathsam ist, da ein stärkeres Pflanzensortiment späteren Gefahren eher widersteht und im ferneren Wuchse, bei sorgfältigem Versetzen, stets befriedigt.

und wieder auch im Sommer, und zwar am besten um Johanni, erfolgen können.

Hinsichtlich der Fortsetzung der Schneidelung an den zum zweiten Mal umgeschulten und zur Heisterstärke heranzuziehenden jungen Eichen, gelten im Allgemeinen die für jüngere Pflanzen und Wildlinge schon gegebenen Andeutungen. Erst, wenn alle Schaftwunden vollständig überwallt sind und eine normale, vom Fuß bis zum Wipfel möglichst gleichmäßige Beastung erzielt ist, vermag der Heister den Gefahren des Einzelstandes zu trotzen und den Stand zu behaupten, den der sorgsame Pfleger ihm giebt. Hiermit hat die Schneidelung ihr Ziel gefunden und späteres Aufästen, sowie die Natur übernehmen die weitere Fortbildung der Pflanze.

Das Alter, in welchem die Eiche am geeignetesten verpflanzt wird, wonach natürlich auch der Wachsraum derselben im Kamp zu bemessen ist, hängt vom Boden, Klima und Standort ab. Auf gutem Boden, besonders unter günstigen klimatischen Verhältnissen, kann man sich vielleicht eher mit einem schwächeren Pflanzensortiment begnügen, während im entgegengesetzten Falle die Verwendung stufiger, starker Heister zur Regel gemacht werden sollte, und zwar besonders da, wo es sich um Einsprengung von Eichen handelt.

Bei diesen Einsprengungen tritt noch eine andere Frage hervor, nämlich die, ob Einzelstellung der Eiche, oder Gründung von Gruppen und Horsten zweckmäßiger sei. Unter allen Fällen aber bleibt die gruppenweise Auspflanzung von Heistern eine sehr kostspielige Manipulation, denn manche, nach der hier beschriebenen Methode mühsam gepflegte Pflanze fällt der Zwischennutzung anheim und muß frühzeitig den dominirenden Stämmen das Feld räumen. Man spricht aber in neuerer Zeit der gruppen- und horstweisen Erziehung der Eiche vielfach das Wort, und auch meiner Ansicht nach für solche Oertlichkeiten gewiß nicht mit Unrecht, wo die Eiche der Umgebung nicht zusagt, und wo die schnelle Heranbildung jener Horste durch Saat oder schwächere Pflänzlinge keine Schwierigkeiten bietet. Auf schlechterem Boden aber, wo geeignete Mischhölzer mehr oder weniger bei der Erziehung der Eiche mitzuwirken haben, und die künstliche Pflege derselben in vollem Umfange gewährt werden kann, verdient es den Vorzug, dieselbe stets als kräftigen Heister frühzeitig einzeln beizumischen, und sogleich in möglichst nahe Beziehungen zu geeigneten Mischhölzern, namentlich aber zur Buche, zu bringen, die sich als Gefährtin der Eiche überall bewährt hat. Man vermeide alle Blößen, die in der Regel mehr oder weniger verarmt und mit Hungermoosen überzogen sind, und stelle die Eichen mitten in die Buchenhorste, wozu Lücken von wenigen Quadratfußen genügen, oder wo diese fehlen, entferne man auf einer kleinen Stelle die schwach angewurzelten Buchenpflanzen, um ein genügend großes Pflanzenloch für eine kräftige Pflanze herstellen zu können. Hier tritt die Eiche schnell in Schluß, wird vor Dürre gesichert, genießt eine wohlthuende Beschattung des Fußes, gewinnt durch die sich ansammelnde Laubdecke und wächst dominirend mit der Umgebung auf.

Da, wo sich keine Gelegenheit bietet, die Eiche sogleich in direkte Berührung mit den Mischhölzern zu bringen, läßt sich in mancher anderen Beziehung für deren Gedeihen Sorge tragen. In den Gebirgsrevieren ist ein geeigneter Standort für die Eiche oft auf ganz kleine Stellen beschränkt, die ich mit Oasen in einer Wüste vergleichen möchte, und in dieser Hinsicht geben uns die sich einfindenden Wildhölzer oder Unkräuter, als Standortsanzeiger, vortreffliche Winke. So wird man da, wo die Brombeere in kleineren oder größeren Gruppen sich einbürgert, stets einen guten Standort für die Eiche angedeutet und deren nächste Zukunft gesichert finden. Hier gründe man selbst einen kleinen Horst von wenigen Stämmen mitten im Gestrüpp in einem so weitläufigen Verbande, daß jede Pflanze genügenden Wachsraum bis zum angehenden Baumalter behält.

Auch die Himbeere, die Walddistel (Ilex), selbst wilde Rosen und Schwarzdorn, wenn sie nicht zu flachgründigen und nassen Boden aufsuchen, bieten der Eiche einen sichern Schutz, nur lasse man jenen jede Schonung angedeihen, damit sie den Fuß der Eiche bald decken, frisch erhalten und zur Humusansammlung beitragen, welche letztere gute Eigenschaft besonders den hochstängeligen Brombeerarten eigen ist.

Alte Stocklöcher, wenn sie nicht schon von Eichen herrühren[1]), erleichtern das Anfertigen der Pflanzlöcher und sichern das schnelle Anwachsen der Pflanze, besonders, wenn deren Fuß durch Deckung von Rasen, Steinen, Laub und dergleichen geschützt wird.

Die Pflanzlöcher sind möglichst tief und weit herzustellen, damit einerseits die Pflanze noch auf gelockerte Erde zu stehen kommt und andererseits das Seitengewürzel nicht unnatürlich eingezwängt zu werden braucht, sondern ein genügender Spielraum für dessen möglichst natürliche Lage bleibt. Die obere Humusschicht, selbst aus der nächsten Umgebung des Pflanzenloches entnommen, bringe man unter und unmittelbar zwischen die Wurzeln und benutze den schlechten Untergrund zum Füllen des Loches. Leichtes Anhügeln des Fußes, durch Zusammenscharren der zunächststehenden Erde und nachheriges Aufdecken etwa vorhandenen Rasens, empfiehlt sich sehr gegen Trockniß und Sturmschäden und sichert überhaupt das Gedeihen der Pflanze.

So sehr auch im Allgemeinen vor zu tiefem Pflanzen gewarnt werden muß, so ist doch die Eiche diejenige Holzart, welche man eher etwas zu tief als zu flach pflanzen darf, da die auf der Sohle des Pflanzloches meist fest aufstehende Pfahlwurzel das sich Setzen der Pflanze mit der sie umgebenden Erde

[1]) Der Hang der Gewächse, sich gegenseitig in ihrem Standort abzulösen, ist unverkennbar; jede Holzart entnimmt dem Boden nur die gerade für sie passenden Nahrungstheile, wofür uns ja die Fruchtfolge in der Landwirthschaft schon Andeutung zu geben scheint.

verhindert, in Folge dessen der Wurzelknoten leicht mehr oder weniger zu Tage tritt, was das Kümmern der Pflanze und die Entwickelung von Stock- und Stammausschlägen nach sich zieht, und manche junge Eiche mag auf diese Weise schon ihren Tod gefunden haben.

Hinsichtlich des Wurzelschnittes stärkerer Eichenpflanzen ist noch zu bemerken, daß eine, mit voller Beastung zu versetzende Eiche für ihr Gedeihen und gutes Anwachsen möglichst auch die Erhaltung des ganzen Wurzelsystems fordert. Vorsichtiges Ausheben der Pflanzen, wozu man den im Anhange beschriebenen Spaten (Taf. IV. Fig. 28a) sehr vortheilhaft verwendet, kann daher nicht genug empfohlen werden, um möglichst wenige Wurzeln durch Abreißen zu verlieren, oder durch Verletzungen unbrauchbar zu machen. Alle verletzten Wurzeln schneide man daher bis auf gesundes Holz derart zurück, daß die Pflanze auf der Schnittfläche ruht, denn solche beschädigte Wurzeln sterben nicht nur bald ab, sondern theilen auch den Krankheitsstoff den angrenzenden, gesunden Wurzeltheilen mit, wie man sich überall da überzeugen kann, wo man bei Nachbesserungen früherer Culturen kümmernde Pflanzen aushebt und durch neue ersetzt. Etwa vorhandene Pfahlwurzeln lasse man, so lange sie noch biegsam sind, ebenfalls ungekürzt und lege sie, analog dem Seitengewürzel, möglichst bequem auf dem Boden des Pflanzenloches aus. Kräftige Pfahlwurzeln sind jedoch entsprechend zu kürzen, wenn man nicht vorzieht, dieselben ganz in ihrer natürlichen Lage in den Boden zu bringen, wie dies Herr v. Alemann[1]) empfiehlt, indem man in der Sohle des Pflanzlochs mit einem Stoßeisen ein entsprechendes Loch für jene einstößt.

Die Erhaltung des Ballens ist bei der Eiche nicht Bedingniß, obgleich es bei nahem Transport immer rathsam ist, dem Gewürzel so viel Erde zu belassen, als willig daran hängen bleibt.

Erziehung solcher Eichen, die im einjährigen Alter aus dem Saatkamp verpflanzt werden.

Da sich die Eiche, besonders auf günstigem Standort, in jedem Alter mit ziemlicher Sicherheit verpflanzen läßt, so kann es, wo die Saat aus irgend welchen Gründen nicht angemessen erscheint, und nicht die Verwendung ganz starker Pflanzen durch besondere Verhältnisse bedingt wird, schon des Kostenpunktes wegen wünschenswerth werden, die Eiche schon im ein- oder zweijährigen Alter aus dem Saatkamp gleich ins Freie zu bringen, also zu einer Zeit, wo das Versetzen noch am wenigstens störend auf das Anwachsen der Pflanzen einwirkt, es auch nicht schwierig ist, dem Stämmchen die ganze un-

---

[1]) Ueber Forst-Culturwesen von F. A. von Alemann, Königl. Preußischen Oberförster; Magdeburg bei Emil Bänsch 1861.

verkürzte Pfahlwurzel zu erhalten und in möglichst naturgemäßer Lage in die Erde zu bringen.

Bei der Anzucht der Eiche in Kämpen dürfte es sich demnach in diesem Falle darum handeln, dieselbe schon im ersten Lebensjahre mit einer normal, aber auch nicht zu stark entwickelten Pfahlwurzel zu erziehen. Dieser Zweck wird in den besseren Bodenverhältnissen, wo die obere Humusschicht ziemlich voluminös ist, und auch der Untergrund nicht aus ganz todten Bodenarten besteht, durch Anwendung des v. Buttlarschen Verfahrens, auch der von Pfeil für einjährige Kieferpflanzen empfohlenen Methode, wo der Boden bis 2′ tief riolt und die obere Erddecke in den Untergrund gebracht wird, erreicht, nur darf bei der Eiche, die an und für sich schon zur Entwickelung sehr langer Pfahlwurzeln inclinirt, die Bodenlockerung nicht ganz so tief erfolgen.

Anders gestaltet sich dies aber in armen und flachgründigen Gebirgsbodenarten, in welchen die beim Riolen nach der Tiefe gebrachte geringe Humusschicht nicht den gewünschten Einfluß auf die Wurzelentwickelung ausübt. Die natürliche Folge hiervon ist, daß der absteigende Stock der Pflanze im ersten Jahre nur kümmerlich in der obenauf gebrachten todten Bodenschicht vegetirt und wenige feine Saugwurzeln bildet. Diese Wahrnehmung veranlaßte mich, auf folgende Weise die Bodenbearbeitung für den Saatkamp zu bewerkstelligen[1]).

Die ganze zum Kamp bestimmte Fläche wird mindestens ein Jahr vor der Benutzung so tief gelockert, als die obere, bessere Bodenschicht steht; dann werden 4 Fuß breite Beete mit 2 Fuß breiten zwischenliegenden, und 4 Fuß breiten, die ganze Kampfläche umlaufenden Wegen abgesteckt, und die obere, gelockerte Bodenschicht aus sämmtlichen Wegen so hoch auf die Beete geworfen, als es nöthig ist, um die verlangte Tiefe, etwa 15″, für dieselben zu erlangen. Auf diese Weise kommt etwa die doppelte obere Bodendecke in den Beetuntergrund zu liegen, während die Stärke der nachher obenaufzuwerfenden, todten Erdschicht aus den Wegen beliebig nach den Verhältnissen bemessen werden kann.

Ist Mäusefraß zu fürchten, mit welchem der Forstmann besonders in den kleinen, parzellirten Feldrevieren alljährlich zu kämpfen hat, so sind die äußeren, breiteren Umfassungswege etwa auf 1½′ Breite und 1 Fuß tief, mit steilen Wänden auszustechen, und in der Sohle des so hergestellten Grabens sind in gewissen Entfernungen irdene Töpfe oder Drainröhren zu versenken. Hierin

---

[1]) Auch für andere Holzarten, sobald es auf eine besonders tiefe Wurzelbildung schon in den ersten Altersjahren ankommt, empfiehlt sich die hier beschriebene Bodenbearbeitung für Saatkämpe. Ich habe selbst auf den besseren Oertlichkeiten meines früheren Reviers in der Eifel wiederholt Saatbeete nach v. Buttlar'schen Angaben angelegt, aber ohne allen Erfolg, welchem Umstande ich es auch zuschreibe, daß man dort allgemein gegen das v. Buttlarsche Culturverfahren eingenommen ist, nachdem man wohl die Pflanzung genau nach Vorschrift ausführte, aber, in Ermangelung regelrecht erzogener Pflanzen, solche aus Rasenaschenbeeten mit verzweigtem Wurzelsystem verwandte.

fangen sich die Mäuse und können beim täglichen Nachgehen, was von der Aussaat im Frühjahre bis zum Hervorbrechen der Keime nicht zu verabsäumen ist, getödtet werden[1]).

Wenn auch bei Zubereitung der Saatkämpe auf vorbeschriebene Art und Weise durch die breiten Wege und starke Böschung der Beete Grund und Boden verloren geht, so ist dieser Umstand wohl kaum der Erwähnung werth. Und, abgesehen davon, daß in augegebenen Oertlichkeiten andere, sonst in der Beziehung bewährte Methoden nicht erfolgreich sind, erzieht man dabei auf einer Quadratruthe Beetfläche, welche incl. Einsaat, Umfriedigung ꝛc., je nach Boden- und Lohnverhältnissen, etwa für 10 bis 15 Sgr. herzustellen ist, eine große Zahl brauchbare, gut bewurzelte Pflänzlinge.

Die Aussaat der Eicheln erfolgte stets im Frühjahre durch Vollsaat, nachdem die Saatfläche gut geebnet und leicht angedrückt wurde. Die Deckung des Samens geschieht durch Uebererden mit kräftiger Culturerde, welche den Keimprozeß befördert und zugleich auf Bildung flacher Faserwurzeln hinwirkt.

Das Auspflanzen wurde auf folgende Art vorgenommen:

Mit dem v. Buttlarschen Eisen[2]) wird, analog dieser nunmehr allgemein bekannten Pflanzmethode, ein Loch in den Boden gestoßen, evtl. eingeworfen, die Pfahlwurzel bis zum oberen Seitengewürzel hineingehalten, und unter Beigabe einer Hand voll Compost mit dem Eisen angedrückt, so daß also das obere Seitengewürzel sich auf die Bodennarbe legt und später auf

---

[1]) Das Vergiften der Mäuse mit Arsenikweizen, welcher in kleinen, vor Witterungseinflüssen geschützten Körnungsplätzen auszustreuen ist, wird vielfach empfohlen, es will in der Praxis jedoch dessen Anwendung keinen rechten Eingang finden. Vielleicht schwächt die durch das Weizenkorn bald aufgesogene Feuchtigkeit das Gift zu schnell. Ebenso werden die zuvor angedeuteten Fanggräben für Aufbewahrungsplätze von Eicheln ꝛc. zur Abwehr der Mäuse für gut gehalten, es werden dieselben aber nach den in der Praxis gemachten Wahrnehmungen ebenso erfolglos, als der Arsenikweizen, denn weder in bindigen, noch in lockeren Bodenarten halten die Wände der Gräben, wovon wenigstens die inneren stets ganz glatt erhalten werden müssen, längere Zeit Stand und frieren im Winter, bei abwechselnder Nässe und Kälte, auf, so daß die Wände sich muldenförmig abdachen und den Mäusen einen bequemen Durchgang gestatten. Das hiergegen empfohlene Nachstechen der Grabenwände ist für die Länge der Zeit nicht ausführbar, ebenso spazieren die Mäuse bei starkem Schneefall ungehindert über die Fanggräben hinweg, so daß letztere nur für Frühjahrssaaten, wo sie nur kurze Zeit den Zudrang der Mäuse abzuhalten haben, ihre Dienste leisten. Ich habe die Mäuse in Hütten zum Ueberwintern der Eicheln, die ich nach v. Alemannschen Vorschriften herstellte, nur durch Fangen vertilgen können, und zwar mit einfachen, selbstverfertigten, sogenannten Studentenfallen, wie solche meist überall bekannt sind. Jene werden durch ein, an dem betreffenden Stellholz aufgespießten, in Oel getränkten und nachher gerösteten Stückchen Brodrinde schnell herbeigelockt, und ziehen diese Nahrung den Eicheln oder etwa ausgestreutem Arsenikweizen vor, so daß sich dieselben in kurzer Zeit, bis auf die letzte, in den von Alemannschen Ueberwinterungshütten ausfangen ließen.

[2]) Bei stark entwickelten Pfahlwurzeln empfiehlt es sich, durch ein stärkeres Locheisen die Pflanzlöcher herzustellen.

derselben anwurzelt. Schließlich wird, analog der v. Manteuffel'schen Hügelpflanzung, der über der Erde herausragende Theil der Wurzel angehügelt und zwar, wo die Bodenoberfläche stark benarbt ist, durch Herbeischaffen von zuvor präparirter Culturerde, und sonst durch Zusammenscharren der oberen, lockeren Humusdecke aus der nächsten Umgebung der Pflanze; der auf diese Weise entstehende Hügel wird mit Rasen, die benarbte Seite noch innen, gedeckt. (Fig. 27) Tiefes Pflanzen ist hierbei ein Haupterforderniß, damit durch das Zusammensetzen des Hügels nicht der Wurzelknoten der Pflanze zu Tage tritt, was unfehlbar deren Kümmern und oft schließliches Absterben zur Folge haben muß.

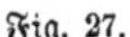
Fig. 27.

Dies Pflanzverfahren gewährt besonders die Vortheile, daß der Pflanze die Pfahlwurzel erhalten und zugleich in ganz naturgemäßer Lage, in gute Erde förmlich eingehüllt, in den Boden gebracht wird. Ebenso wächst das im obereu Hügel sich befindende Seitengewürzel schnell an, und vermittelt ein freudiges Gedeihen der Pflanze durch Aufnahme von kräftigem Nahrungsstoff, den die Erde des Hügels enthalten muß, mag sie zusammengescharrt oder herbeigetragen sein, und durch Auffangen der aus dem Boden aufsteigenden Feuchtigkeit. Es wird das Verfahren nur da kostspielig, wo es sich um weites Herbeischaffen von Culturerde und Deckmaterial handelt, während es selbst da billiger, als die gewöhnliche Löcherpflanzung werden kann, wo steiniger und von Wurzeln stark durchzogener Boden das Löchermachen erschwert.

Im Allgemeinen wird sich die angegebene Methode besonders für bündigen und schwer zu bearbeitenden Boden, sowohl bei neuen Aufforstungen größerer Flächen, als bei frühzeitiger Einsprengung der Eiche in Samenschlägen, auf Lichtstellen empfehlen, wenn überhaupt die Oertlichkeit für die Eiche paßt.

Nachdem die junge Eiche nach einigen Jahren auf ihrem Standort heimisch geworden ist, und sowohl mit Ober=, als Unterstock sich den gegebenen Verhältnissen anpaßte, ist die Schneidelung derselben vorzunehmen, die dann um so vollkommener ihre Dienste leisten wird, je sorgsamer der jungen Pflanze ein zusagender Standort gegeben wurde.

VII.

Das Aufästen der Eiche.

Das Entästen oder Aufästen der Eichen wird hauptsächlich zur Heranbildung reiner, vollholziger, gesunder und gut spaltiger Schäfte, von der Gerte oder Stange an, bis aufwärts zum mittleren Baumalter, im Einzelstande, so wie in geschlossenen reinen und gemischten Beständen in Anwendung gebracht.

Oft stockt die Eiche schon als angehende Stange in Folge übermäßiger Beastung, oft auch veranlassen Bodenverhältnisse, Einzelnstand und andere Einflüsse beim hoffnungsvollen Jungwuchs einen Stillstand im späteren Wachsthum; oft wieder führen heruntergebrochene oder absterbende Aeste den gesunden, noch lebenskräftigen Stamm der Rothfäule zu, welche versteckt und dem Auge verborgen im Kern desselben mit unersättlicher Gier fortnagt und den dereinstigen kostbaren Nutzstamm vielleicht als fast werthloses Gerippe der Zukunft überliefert. Dem gegenüber bietet das Aufästen, mit Maas, Ziel und Umsicht vorgenommen, meist ein wirksames, leicht anwendbares, den Verhältnissen fast überall anzupassendes, vorbeugendes und heilendes Mittel zur Conservirung der Eiche und zur Weckung neuer Lebensthätigkeit im kümmernden Stamm.

Bei dem gesammten Aufästungsverfahren wird zuvörderst die zu vielen Meinungsverschiedenheiten Anlaß gebende Frage wichtig: *auf welche Art und Weise und mit welchen Instrumenten die Operationen am bequemsten und ohne üble Folgen für die Zukunft der Eiche zu bewerkstelligen sind.* Die in dieser Richtung gemachten Erfahrungen sind nach meinem Wissen noch keine fest begründeten. Sie sind einen Ortes nur in jüngerem, anderen Orts wieder nur in älterem Holze, *meist* mehr zur Conservirung des Unterholzes, nicht aber der Eiche selbst in Ausführung gekommen, die selten aber in ihren Folgen auf einen so langen Zeitraum genauer beobachtet wurden oder werden konnten, als dies zur Bildung feststehender Normen für das Verfahren unbedingt nöthig ist.

Die in fraglicher Hinsicht bereits gewonnenen Ansichten liefern aber doch immer insofern im Allgemeinen auch für andere Oertlichkeiten und Verhältnisse einen gewissen Anhalt, als man auf denselben fortbauen kann. Sie bleiben deshalb immer von größtem Interesse für die Sache.

Hinsichtlich der Wahl der Werkzeuge ist aus den in der Eifel, in vielen Königlichen Revieren vorgenommenen desfallsigen Versuchen und Beobachtungen allgemein das Urtheil als feststehend hervorgegangen, daß die Hauinstrumente, in Bezug auf innere organische Verbindung der neuen Holzlage mit dem blosgelegten Splint des Stammes, den Vorzug vor den Säginstrumenten verdienen. Dagegen ist, hinsichtlich der äußeren Ueberwallung der Wunden ein Unterschied in dem Verhältniß des Effects jener zu diesen nicht bemerkbar geworden, indem dieselbe in beiden Fällen gleich rasch und vollkommen erfolgt.

Soweit es sich nun um Operationen an jüngeren Eichen handelt, hat sich mir Gelegenheit zu genaueren Beobachtungen hinsichtlich der Wirkung der Hauinstrumente, wenn auch nur während eines kürzeren Zeitraums, geboten, der aber doch die günstigen oder ungünstigen Folgen schon hervortreten ließ. Ich lasse die gewonnenen Resultate hier kurz folgen:

Im Vorwinter 1859 zu 60 ließ ich bei Gelegenheit eines Läuterungshiebes, bei welchem viele, etwa 30jährige, größtentheils bis zum Fuß stark beastete Eichen von den schnell nachgewachsenen, drückenden Stockausschlägen anderer Holzarten befreit wurden, die Stämme von den Holzhauern soweit aufästen, als dies vom Boden aus mittelst der Axt möglich war. Da sich zu jener Zeit noch keine ganz entschiedene Ansichten darüber gebildet hatten, ob die Aeste nur zu stummeln oder hart am Stamm zu entfernen seien, so ließ ich, zum Zwecke verschiedener Versuche, die Aeste an einem Theil dieser Eichen nur einstutzen, an den anderen aber hart am Stamm, entweder vermittelst von oben nach unten, oder umgekehrt geführter Axthiebe entfernen.

Die Eichen hatten früher unter der Last der Beastung sehr gekümmert, erholten sich aber nach dem Läuternngshiebe und dem zugleich vorgenommenen Aufästen merklich und gehen um so mehr einer sicheren Zukunft entgegen, als das Aesten später wiederholt und so der Schaft bis auf eine angemessene Höhe von allen Aesten, Gabeln und etwa einfaulenden Stummeln befreit worden ist. Der Boden, steiler Südhang, ist flachgründiger Thonschiefer von ziemlich mineralischer Kraft.

Nach 6 Jahren wurden mehrere dieser verschiedenartig behandelten Stämme abgehauen, und die betreffenden Abschnitte mit alten, theilweise schon gänzlich vernarbten Hiebwunden der Länge nach mittelst einer Säge getrennt; ebenso auch solche Astwunden, die der Waldschluß durch das natürliche Absterben der Aeste herbeigeführt hatte. Wo abgestorbene Aeste nicht vom Stamme getrennt, und demnach der Natur das Geschäft des Aufästens überlassen wurde, sind jene schon nach kurzer Zeit in Folge eigener Schwere heruntergebrochen und haben kürzere, oder längere Stummel, sowie Splitter oder Oeffnungen an ihren Anhaftungsstellen zurückgelassen, welche dem Schnee- oder Regenwasser mehr oder weniger einen bequemen Zugang, oft bis zum Kern des Stammes, gestatteten. Die Fäulniß hatte schon in dem kurzen Zeitraume von 6 Jahren, theils die Astwurzel, theils die naheliegenden Theile des Splintes und Kernes angegriffen und in eine trockene, schwammige Masse verwandelt, die bei neuem Wasserzufluß denselben gierig aufsaugt, um ihre Verwüstungen fortzusetzen und schließlich zu vermodern.

Aehnliche Folgen zeigten sich an den, etwa auf einen Fuß lang und künstlich gestummelten Aesten dann, wenn letztere sich nicht durch Nebenzweige, oder durch von Adventivknospen gebildete neue Saftleiter wieder zu regeneriren vermochten. Die Fäulniß konnte hier nicht so früh eintreten, da der am Schaft sich mehrere Jahre erhaltende Stummel so lange dem Eindringen des Wassers Schranken setzt, als er nicht herunterbricht, oder die bis zur Astwurzel bald eintrocknende und sich ablösende Rinde den Zutritt desselben zu den inneren und gesunden Theilen des Schaftes begünstigt, was in der oberen, die Feuchtigkeit auffangenden Astaxel um so schneller vor sich geht, je spitzer der zwischen Schaft und Ast gebildete Winkel ist.

Wo die Aeste unter Zurücklassen eines ganz kurzen, bis 1/2 Zoll langen Stummels gespornt wurden, war der erhaltene Asttheil überall, mit Zurücklassung einer kleineren oder größeren Oeffnung, in den Stamm eingewachsen, und es war von der unteren Seite her eine Rindenwulst bis zur Hälfte der Astwunde vorgeschoben worden. Diese bot ebenfalls eine sehr günstige Gelegenheit zum Aufsaugen des Wassers, welches um so leichter Eingang in den Splint der Astwunde fand, jemehr derselbe in Folge jahrelangen Bloßliegens durch die Atmosphäre angegriffen wurde. Die schon stark in der Entwicklung begriffene Fäulniß trat hier in den meisten Fällen der Ueberwallung und dem Schließen der neuen Holz- und Rindenlage hindernd entgegen. Nur einzelne und besonders kleinere Wunden schienen äußerlich verheilt, und vielleicht vermag hier die Natnr, bei besonderer Lebenskraft der Individuen, das noch nicht voll entwickelte Uebel unschädlich zu machen, vielleicht auch setzt sich dasselbe versteckt fort, bis die erndtende Axt es an den Tag bringt.

Wo die Aeste möglichst dicht am Stamm entfernt worden waren, hatten sich durch die, unvorsichtig von oben nach unten, also *gegen die Holzfaser*, geführten Axthiebe in dem noch weniger festen, jungen Holze oft starke Risse und Splitterungen in der Astwurzel gebildet, die in ihrer abstechenden Färbung sich als solche noch deutlich in dem selbst in Fäulniß übergegangenen Splinte kennzeichneten und dem Kern des Stammes kanalartig schnell jede Feuchtigkeit zuführten, so daß die Fäulniß hier bei weitem die größte Ausdehnung genommen hatte und in einzelnen Fällen schon 1/2 Fuß tief unterhalb der Astwunde im Kern sichtbar war. In diesen, sowie auch in den zuvor angeführten Fällen wurde der Grad der Fäulniß bei den vorliegenden Schaftabschnitten stets durch die beim Aesten hervorgerufenen stärkeren oder schwächeren *Risse und Splitterungen* bedingt; tiefe Risse veranlassen stets schnelle Fäulniß, die um so gefährlicher wird, je mehr die Wunde der Wetterseite zugekehrt ist, und je weniger etwa nicht ganz wuchskräftige Stämme noch im Entstehen begriffene Schäden auszuheilen vermögen; *alles Fingerzeige für sorgfältige Aestungen.*

Die günstigsten Resultate lieferte der von unten her, also mit der Holzfaser, dicht am Stamm geführte Hieb in dem glücklichen Falle, wo die Operation ohne alle sonstigen Rindenverletzungen und ohne das in diesem Falle so häufig vorkommende Stehenbleiben eines oberen Stifts an der Astaxel von Statten ging. Die Skizze Fig. 28 zeigt uns die vollständig vor sich gegangene

Fig. 28.

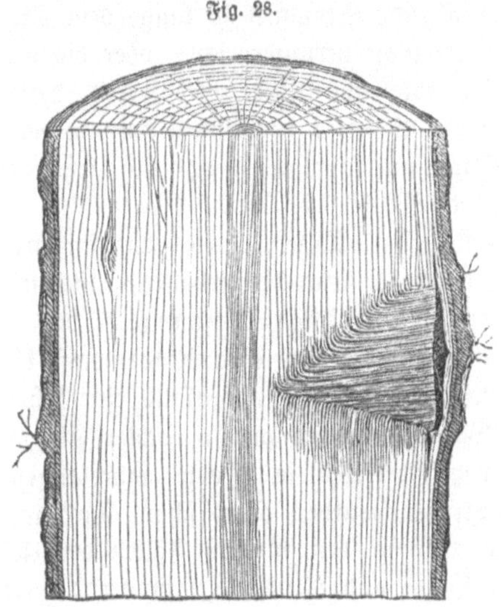

Ueberwallung, so daß sich sogar schon eine Holzlage von 2 Jahresringen über der Hiebfläche gebildet hatte. Die unmittelbar zwischen der alten und neuen Holzlage eingeschobene schwarze, fast eisenfeste Masse scheint das Product vertrockneter Holzsäfte zu sein, die sich so lange hier ansammelten, als die sich bildende Ueberwallung dies gestattete, und der Saftumlauf über die Hiebfläche hinweg nicht wieder regulirt war. Dies Holzgebilde, das sich jedenfalls durch Anwendung einer Baumsalbe, worauf ich weiter unten zurückkommen werde, verhindern läßt, ist jedoch so vollständig in die regulären Holztheile eingewachsen, daß wesentliche Nachtheile für die spätere Gebrauchsfähigkeit des Holzes nicht entstehen können. Auch die unterhalb der Astwurzel im Original sichtbare dunkele Färbung des Splintes bringt keine Nachtheile, verschwindet vielmehr mit der Zeit und rührt von eindringender atmosphärischer Feuchtigkeit, oder auch der in Folge des Aestens eintretender Saftstockung her.

Aus diesen Beobachtungen läßt sich der Schluß ziehen, daß das Stummeln der Aeste nicht mehr in Frage kommen kann, sondern daß dieselben dicht und glatt am Stamme zu entfernen sind, daß ferner ohne die größte Sorgfalt jede Aestungsmethode mehr Nachtheile als Vortheile mit sich bringt und daß endlich die gewöhnliche Holzhauerart, besonders im jüngeren Holze, nicht den

Anforderungen entspricht, die man an geeignete Aestungs Instrumente zu stellen hat.

Bei der Zergliederung schon älterer Eichen, die in früherer Zeit zur Pflege des Nachwuchses ohne besondere Sorgfalt aufgeästet worden waren, ergab sich, daß sich hier die Fäulniß nie so schnell, als im jungen Holze, zu entwickeln vermag. Altes, stets sehr festes, mit sehr gedrängt liegenden Jahresringen aufgewachsenes Holz inclinirt, selbst bei roher Behandlung, weniger zu Splitterungen und Rissen, widersteht überhaupt länger den äußeren atmosphärischen Einflüssen; ein Beweis für die Möglichkeit der schadlosen Heilung, selbst stärkerer Astwunden, im älteren Holze.

Wo im engsten Schluß beiständiger Hölzer der Schaft älterer Eichen sich selbst reinigt, wo also das Absterben der Aeste durch den verhinderten Lichtzutritt herbeigeführt wird, macht die Natur vergebliche Anstrengungen, das natürlich erzeugte Localübel zu heilen, indem die Rinde sich dütenförmig, oft ½ Fuß weit, am eingetrockneten, entblößten Ast in die Höhe schiebt, bis derselbe herunterbricht. Die Ueberwallung schließt sich, sobald die Aeste nicht zu stark sind, wodurch die wohlbekannten Astknoten am Stamm entstehen, die noch nach vielen Jahren und selbst beim altersschwachen Baum die Stellen kennzeichnen, wo die Natur ihr Aesten besorgte. Haut man einen solchen Astknoten ab, oder beginnt der Specht hier seine Würmerjagd, so entsteht ein Astloch, die Lieblingswohnung unserer nützlichen Höhlenbrüter, für die die Natur so weise sorgt.

Dies für die Schaftbildung der Eiche so vortheihaft, für deren Gebrauchswerth aber so nachtheilig wirkende natürliche Aufästen ist ein sicherer Fingerzeig für die Nothwendigkeit der künstlichen Entästungen, indem man der Natur einerseits da vorbeugend vorgreifen, oder dieselbe da unterstützen muß, wo der Waldschluß sonst die Aeste von selbst entfernt; andererseits hat man da helfend ins Mittel zu treten, wo die Eiche sich im Einzelstande selbst überlassen bleibt und die Reproductionskraft in einer zweckwidrigen Astbildung verschwendet.

Hinsichtlich der Aufästungen in schon höherem Alter darf man die durch die Schrift des Vicomte de Courval[1]) überlierferten Erfahrungen, welche sich ihr Verfasser durch eine vierzigjährige Praxis aneignete, nicht unberücksichtigt lassen, weshalb es gestattet sei, hier kurz darauf einzugehen:

Herr v. Courval stellt in seiner Schrift zwei Entästungsarten vergleichend gegenüber, nämlich das sogenannte alte Verfahren, wobei sämmtliche Aeste auf ⅔ bis ¾ der Stammlänge gleichzeitig bis auf Stummel von 8 bis 12 Zoll eingestutzt wurden, der neuen, von ihm selbst seit vierzig Jahren in seinen eigenen, ausgedehnten Waldungen eingeführten Art und Weise, bei der die Aeste der hochstämmigen Hölzer, und zwar speciell der Eiche, nach

---

[1]) Das Aufästen der Waldbäume von Vicomte de Courval. Aus dem Französischen von C. J. W. Höffler, Königl. Preußischem Oberforstmeister. Berlin 1865 Verlag von Julius Springer.

und nach dicht und glatt am Stamm mit einer, nach seinen eigenen Angaben, dem Zwecke entsprechend construirten Aufästungshippe, siehe Tafel II. Fig. 12, fortgenommen wurden.

Nachdem schon bei der jungen Pflanze mit Abbrechen oder Abzwicken der Knospen vorgegangen, die stärker werdende Lode mit dem Gartenmesser oder der Baumscheere behandelt wurde, entfernt er wiederholt bei der angehenden Stange die stärkeren Aeste, Wasserreiser und Gabeltriebe bis zur Hälfte der Schaftlänge, unter Zuhülfenahme von Leitern, mit der sichelförmigen Hippe oder dem Schneidemeißel, stutzt dabei die unteren Kronenäste in angemessener Weise, um sie im Wachsthum zurück zu halten, und fährt dann mit den periodisch wiederkehrenden Operationen bis zum 60. Jahre bei der Oberholzeiche im Mittelwalde fort.

Die übelen Folgen des alten Verfahrens, des sogenannten Stummelns der Aeste, stellt Herr v. Courval etwa in folgender Art dar: der eingestutzte Ast geht unter dem Einflusse des Regen- und Schneewassers schnell in Fäulniß über und überwallt in den meisten Fällen nicht, oder wenn dies mit der Zeit unter besonders günstigen Nebenumständen geschieht, so wird die Wirkung der Fäulniß eine versteckte und setzt sich im Kern des Stammes fort, was die knotenartigen, wulstförmigen Erhöhungen am Schaft verrathen, die oft mit Wasserreisern bewachsen, welche den Lauf des Saftes hemmen, denselben absorbiren und somit die Entwicklung und den Zuwachs des Baumes beeinträchtigen.

Zu Gunsten des oben angedeuteten neuen Verfahrens weist der Autor nach, daß das Abnehmen der Aeste dicht am Stamme, unter Herstellung einer möglichst glatten, nicht durch Risse oder Splitterungen verunstalteten Hiebfläche nicht die mindesten Nachtheile für die Gesundheit und spätere Brauchbarkeit des Stammes nach sich zieht und daß beispielsweise eine solche Astwunde von einem Halbmesser von 15 bis 20 Cm. und bei 40 bis 50 jährigen Stämmen in 5 bis 6 Jahren so vollständig innerlich und äußerlich verheilt ist, daß nur eine unbedeutende Rindennarbe die Aststelle kennzeichnet, während sich die alte und neue Holzlage vollständig schadlas verbunden haben.[1])

Um die nachtheiligen Wirkungen der Atmosphäre schnell abzuschließen, läßt Herr v. Courval die Astwunde mit flüssigem, kaltem Steinkohlentheer vermittelst Pinsel oder Bürste von Roßhaar überstreichen, wodurch sich ein krustenartiger Ueberzug auf der Wundenfläche bildet, welcher das Zersetzen des bloßgelegten Holzkörpers verhindert.

Der Autor will in der Hauptsache durch das Aufästen, theils auf Form, Werth und Brauchbarkeit des Stammes durch Vermehrungdes Nutzholzertrages, Erziehung langer, knotenfreier und spaltiger Schäfte, Verminderung von Wind-

[1]) Nach diesem System hat der Verfasser jener Schrift ca. 400,000 Stämme in den Waldungen seines Gutes Pinon seit dem Jahre 1832 bis zur Gegenwart behandelt.

brüchen und Begünstigung des Saftumlaufs, theils auf Umgebung oder etwaigen Unterstand, durch Vermeidung von Druck und Ueberschirmung einwirken und erzieht somit im Mittelwalde eine verhältnißmäßig große Zahl von Oberbäumen, ohne das Gedeihen und den Zuwachs des Unterholzes mehr zu beeinträchtigen, als da, wo bei lichterem Oberstande das Aufästen unterbleibt.

Man kann sich der Ansicht nicht verschließen, daß die durch die Aestungsoperationen im Mittelwalde erzielten Vortheile zwar sehr unverkennbare sind, daß sich aber das Verfahren, nach den bis jetzt gemachten Wahrnehmungen, trotzdem nur da rechtfertigen läßt, wo eben, wie der Autor es nicht verabsäumt, die Operationen schon bei der Gerte oder Stange beginnen und periodisch bis zum höheren Baumalter ihren Fortgang nehmen, um auf diese Weise Kronen- und Schaftform der Eiche frühzeitig dem Verfahren anzupassen und den Uebergangszustand nicht erst im höhern Baumalter herbeizuführen. Zu dieser unabweislich nöthigen Vorsicht bietet aber gerade der Mittelwald mit den oft wiederkehrenden Unterholzschlägen eine günstige Gelegenheit. Bei einer stark verzweigten Oberholzeiche aber durch starke Entästungen plötzlich eingreifen und Wnnden in größerer Zahl und von starkem Umfange herbeiführen zu wollen, bleibt, neben dem hohen Kostenpunkte selbst bei der größten Vorsicht uud Sorgfalt immer eine gewagte Operation, und es fragt sich sehr, ob die Eiche da, wo sie schon ihre volle Schaftlänge erreicht hat, und im räumlichen Stande hre weitverzweigte Krone unbehindert entwickeln konnte, das Aufästen ohne Nachtheil hinnimmt und noch bezahlt macht. Die Natur ist und bleibt auch hier unser bester Rathgeber, die im Waldesschluß erwachsene Eiche paßt Schaft und Krone leicht und vortheilhaft den Verhältnissen an, während der im hohen Alter erst eintretende Schluß wenig mehr zu helfen vermag.

Jedenfalls aber wird in allem älteren Holze, und speciell bei stärkeren Astwunden der vom Herrn v. Courval so sehr gerühmte Steinkohlentheer[1]) als Vermittler zur vollständigen Vernarbung der Wunden nie fehlen dürfen und gewiß die geringe Mühe reichlich belohnen, die durch seine Verwendung bei den Aestungen nöthig wird. So kann beispielsweise der Arbeiter, wenn er den Baum bestiegen und der nöthigen Aeste entledigt hat, den Theer, welcher

---

1) Der Autor äußert sich in fraglicher Hinsicht etwa folgender Art: Der Steinkohlentheer hinterläßt einen so festen und ausdauernden Ueberzug auf der Astwunde, daß kein anderer Kitt ihm gleichkommt; er besitzt die Eigenschaft, an grünem und trockenem Holze zu haften, der Sonnenhitze zu widerstehen, den blos gelegten Splint vollständig vor Zersetzung zu schützen und nie das Zusammenwachsen der Wuudenränder aufzuhalten. Ja, der Autor geht sogar so weit in der Anwendung des Theers, daß er an historisch interessanten Bäumen 2c. etwaige Astlöcher von allem faulen Holze gänzlich befreit, die inneren Wände mit Steinkohlentheer bestreicht, dann einen walzenförmigen Spunt von trockenem Eichenholze eintreibt, äußerlich demselben die Rundung des Stammes giebt, dann nochmals übertheert und so den Fortgang der Fäulniß nicht nur hemmt, sondern auch äußerlich die Ueberwallung des eingetriebenen Spuntes herbeiführt.

in einer weithalsigen Flasche oder Kruke an einem Leibgurt, siehe Taf. III. Fig. 19, hängt, der zugleich zum Transport der Aufästungswerkzeuge dient, gleich bei sich führen, und ohne merkbaren Zeitaufwand die Wunden damit bestreichen, während das Betheeren im jüngeren Holze, welches das Besteigen mit Rücksicht auf Anwendung geeigneter Verlängerungswerkzeuge umgeht, wenn man dasselbe überhaupt auch hier für nöthig hält, auch vom Boden aus bequem und schnell zu bewirken ist.

Es stehen übrigens die Ansichten bezüglich des Ueberstreichens der Wunden mit dieser oder jener Substanz durchaus nicht mehr isolirt da, denn abgesehen davon, daß der Gärtner dem edelen Obstbaum schon längst diese Pflege zuwandte, geht man hier und da auch schon im Walde mit ähnlichen Operationen vor. So empfiehlt der hannoversche Forstdirektor Herr Burkhardt, als eine gerade in forstlich praktischer Richtung so rühmlichst bekannte Autorität, in einer kürzlich im Druck erschienenen Abhandlung über das Aufästen der Waldbäume[1]) den Gebrauch von Baumsalben, besonders für größere Wunden älterer, minderwuchskräftiger Bäume. Man findet dort empfohlen Kien- oder Gastheer, entweder rein oder im Gemisch mit aufgelöstem Harz; oder die von Bautechnikern angewandte Mischung von $^3/_5$ Holztheer, $^1/_5$ Gastheer und $^1/_5$ Pech. Ferner wird auf die Anwendung des unter dem Namen Goudron vorkommenden Erdpechs, rein oder im Gemisch mit $^1/_5$ Holztheer, aufmerksam gemacht.

Wenn auch das Courval'sche Aufästungsverfahren jedenfalls um so mehr geeignet ist, zur Nacheiferung anzuregen, als es von einem Privatmann ausging, der die eigenen pecuniären Interessen gewiß hinlänglich prüfte, so ist man doch mit dem Aufästen der im Einzelstande erwachsenen Eiche, meines Wissens, wenigstens in größerer Ausdehnung noch nirgends in so altes Holz, wie es der Verfasser der fraglichen Schrift ohne jedes Bedenken thut, übergegangen und es fehlen daher weitere, ganz entscheidende Urtheile. Ebenso hat die, von demselben so sehr empfohlene Aufästungshippe, als zu schwer und ermüdend in der Hand des Arbeiters, sich noch keinen ganz allgemeinen Eingang verschaffen können, obgleich einzelne, mit der Zeit des Instruments ganz kundig werdende, besonders geschickte Arbeiter dasselbe dem Beil vorzogen. Die fragliche Hippe leistet zwar, speziell im starken Holze, oft mehr als Beil und Säge, macht aber Splitterungen und Risse in der Astwunde durchaus nicht unvermeidlich und erfüllt nur so lange den Zweck des Nachglättens seiner eigenen Hiebfläche, als die Schärfe der Schneide aushält. Ueberhaupt kann ein und dasselbe Instrument den doppelten Zweck des Verhauens und Nachglättens besonders da nicht ganz erfüllen, wo es, wie hier, auf eine ganz tadellosse Arbeit ankommt.

---

[1]) Aus dem Walde, Mittheilungen in zwanglosen Heften, Hannover bei C. Rümpler, I. Heft Seite 25 u. f. Auch das während dem Druck dieser Schrift inzwischen erschienene II. Heft behandelt das Aufästen der Waldbäume.

Die günstigen Erfolge, welche der Erfinder mit dieser Hippe erzielt hat, lassen nichts zu wünschen übrig, führen aber denjenigen, der dieselbe nicht nur anwenden sah, sondern selbst, sowohl auf ebner Erde, als auf der Höhe des Baumes handhabte, zu der Frage: hat der Erfinder diese Erfolge lediglich der Construction des Instruments, oder gleichzeitig auch den Wirkungen des Steinkohlentheers zuzuschreiben, der, nach den gemachten Angaben, selbst größere Risse und Unebenheiten, hinsichtlich der späteren Vernarbung oder Fäulniß, vollständig schadlos machen soll?

Häufig, besonders in der Königlichen Oberförsterei Neunkirchen, auch in einigen Revieren bei Trier, ist man daher zur Anwendung von Beilen derart übergegangen, daß man, unter Benutzung von leichten Leitern, mit einem leichten, kurzgestielten Handbeil, siehe Taf. II. Fig. 10, die zu entfernenden Aeste im Groben vom Stamme trennt, während ein mehr breitklingiges, auf der einen Seite stark angeschliffenes, sogenanntes Ballenbeil, siehe Taf. II. Fig. 11, durch Hauen oder Stoßen das Nachglätten der Wunden zu verrichten hat. Der Operateur trägt bei der Arbeit einen mit Haken und Oesen versehenen Gurt um den Leib, der die Instrumente beim Transport und Besteigen des Baumes aufnimmt. Siehe Taf. III. Fig. 19.

Trotz den vielfach angestellten Versuchen mit verschiedenartig konstruirten Beilen konnte jedoch die Astwunde nur unter besonders günstigen Verhältnissen so hergestellt werden, wie es ohne Anwendung von Baumsalben eine völlig schadlose Heilung unbedingt fordert. Der an das Beil gewöhnte Holzhauer operirt allerdings lieber mit demselben, als daß er sich der oft anstrengenden Arbeit mit der Säge, besonders in unbequemer Stellung auf dem Baume, unterzieht, weiß auch seine Arbeit so geschickt auszuführen, daß sich der Zuschauer aus der Ferne für dieselbe leicht einnehmen läßt, es bleiben jedoch in jüngerem, für Verletzungen stets sehr empfänglichen Holze dabei Risse und Splitterungen fast unvermeidlich, und es geht deßhalb meine Ansicht dahin, daß das Beil, bei der doch nunmehr anerkannten Nothwendigkeit einer ganz tadellosen Wunde, welche allein schadlos zu verheilen vermag, nie so schonend mit dem Baume umgeht, daß man es zur allgemeinen, ausschließlichen Benutzung bei den Aestungen empfehlen könnte. Es werden vielmehr andere Werkzeuge, je nach Umständen, mitzuwirken haben. Der Wirkungskreis des Beiles beschränkt sich hauptsächlich auf sehr starke oder verwachsene Aeste, auf stärkere Gabeltriebe und auf schon in den Stamm eingetrocknete Aeste oder Stummel. Ganz starke Aeste erfordern Beile, weil zur Vermeidung von Splitterungen das Vorhauen von unten nöthig wird, was die Säge nur bei schwächeren Aesten durch Vorschneiden erfüllt; weil ferner das Beil der Astwunde mehr die Rundung des Stammes zu geben vermag und weil endlich sehr schwere Bügelsägen, wie starke Aeste sie unbedingt fordern würden, auf der Höhe des Baumes sehr unhandlich sind. Verwachsene Aeste entfernt das Beil mehr der Stammform entsprechend, während es trockene Stummel bis auf gesundes Holz herauszuhauen und so eine vollständige Verbindung der alten und neuen Holzlage herbeizuführen vermag.

Bei dem Mangel geeigneter Werkzeuge hat man hier und da auch die gewöhnliche Holzhaueraxt, besonders bei stärkeren Aesten, benutzt und hat dieselbe, abgesehen davon, daß der sehr lange Stiel auf dem Baume oft stört, in der Hand eines besonders gewandten Arbeiters wohl ihre Dienste geleistet. Immer wird dieselbe aber zu vorliegendem Zweck nur als Nothhelfer und Lückenbüßer zu betrachten sein.

Neuerdings widmet man auch dem Kirchberger Stoßeisen, s. Taf. III., Fig. 13, 14, dessen ich schon beim Schneideln der Stockausschläge, siehe Seite 60 f., erwähnte, mehr Aufmerksamkeit und will damit, besonders in jüngerem Holze, Beil und Säge ersetzen, jedoch ist dieser Wirkungskreis für dasselbe wohl zu weit gegriffen. Das Stoßeisen hinterläßt zwar eine sehr glatte und ebene Schnittfläche, es läßt aber sehr häufig am oberen Theil des Astes einen Stift zurück, verwundet auch am Stamm leicht die Rinde, so daß nur ein sehr geübter und kräftiger Arbeiter damit günstig und anhaltend zu operiren vermag. Sehr tief am Schaft sitzende Aeste lassen sich ebenso wenig damit beseitigen, als sehr hochsitzende, und jeder Ast bedingt, je nach seiner Anheftung, einen ganz bestimmten Standpunkt des Arbeiters. Gabelbildungen liegen immer, stärkere Aeste aber dann außer dessen Bereich, wenn nicht ein zweiter Arbeiter den nachsinkenden Ast stützt. Wenn auch demnach das genannte Stoßeisen für schwächere Aeste, Wasserloden und eingetrocknete Stummel, die es tief und glatt aus dem Schaft herauszuschneiden vermag und speziell für jene in der Oberförsterei Kirchberg eingeführten Schneidelungen von Stockausschlägen vortreffliche Dienste zu leisten vermag, so kann es doch für die hier in Frage stehenden Aestungen nur theilweise in Gebrauch kommen.

So sehr man jedoch alle Hau- und Stroßinstrumente bei den Aufästungen wirken ließ, und die Säge, weil sie eine der innern organischen Verbindung nicht ganz günstige Schnittfläche liefert, an vielen Orten gewiß mit Vorurtheilen ignorirte, um so mehr tritt dieselbe da in den Vordergrund, wo ein Nachglättungsinstrument alle Unebenheiten und Fasern auf der Wunde beseitigt und wo man berücksichtigt, daß eine gut konstruirte Bügelsäge mit feinzähnigem Stahlblatt für schwächere, schnell heilende Wunden noch junger Bäume eine so glatte Schnittfläche zurückläßt, wie sie selbst dem Gärtner für den edelen Obstbaum genügt. Ja man darf wohl annehmen, daß sogar die mehr zerrissene Schnittfläche grobzähniger, stark geschränkter Sägen bei stärkeren Aesten auch ohne nachherige Nachglättung eine vollständig schadlose Heilung zur Folge hat, wenn die Wunde mit Theer, oder sonst einer geeigneten Mischung überzogen wird, was zweifelsohne nicht denselben Zeitaufwand fordert, als das Nachglätten und dabei noch anderweite, zuvor schon berührte Vortheile gewährt. Ich stütze mich hierbei auf die Wahrnehmung, daß die Säge bei den Nadelhölzern, wo das nachquellende Harz den künstlichen Ueberzug ersetzt, viel günstigere Resultate hinsichtlich der schnellen und schadlosen Heilung der Wunde liefert, als das Beil, was sehr natürlich darin seinen Grund findet, daß das im Anfang sehr flüssige Harz sich leichter in den hinterlassenen Fasern der Säge festsetzt und dadurch Halt auf der Schnittfläche gewinnt.

Vielfach wird der Säge der Vorwurf gemacht, daß sie weniger leistet, als das Beil, wobei jedoch außer Anderem jedenfalls nicht darauf gerücksichtigt wird, welchen viel größeren Zeitaufwand das Nachglätten der Hiebfläche, gegenüber dem der Schnittfläche, fordert, daß ferner Sägen mit drehbaren Blättern die Operationen sehr erleichtern und daß endlich die Verlängerungssägen das oft mühsame Besteigen jüngerer Bäume ersparen, insofern das Nachglätten der Wunden nicht nöthig wird.

Herr Forstdirektor Burkhardt spricht sich in dem schon einmal citirten Aufsatz folgender Art über den fraglichen Gegenstand aus: Im Vergleich zum Beil ist die Säge in der Führung sicherer, für den Baum schonender und dem Verfahren, die Aeste dicht am Stamm abzunehmen, entsprechender. Für Aestungen, welche besondere Sorgfalt erfordern, ist die Säge entschieden das anwendbarste Werkzeug.

Gestützt auf alle die vorberührten Wahrnehmungen, und um bei möglichst günstigem Erfolg und bei geringem Zeit- und Kostenaufwand eine möglichst schadlose Heilung der Wunden herbeizuführen, wurden die Operationen in dem mir früher anvertrauten Reviere folgender Art in Ausführung gebracht:

In jüngeren, meist den Gerten- und Stangenklassen angehörenden reinen oder gemischten Beständen, wo die unbedeutenden Wunden ein Nachglätten und Betheeren ꝛc. nicht unbedingt fordern, auch das Besteigen der Bäume der Zeitersparniß halber möglichst zu umgehen ist, konnten sich nur die verschiedenartigen Sägen Freunde erwerben, während Beile bei den Arbeitern weniger beliebt waren. Je nach den Bestandesverhältnissen oder sonstigen örtlichen Umständen wirkten die zur Disposition stehenden Werkzeuge nur theilweise, oder sämmtlich bei der Operation mit.

An Stämmen, welche im engen Schlusse erwachsen waren, deren Schaft, sei es im reinen oder gemischten Bestande, in der Regel mit vielen abgestorbenen oder im Absterben begriffenen Aesten und eingetrockneten Stummeln sich bekleidet hatte, kamen die Stangensägen in Gebrauch, mit denen die Arbeiter etwa weit ausstreichende und leicht Splitterungen veranlassende Aeste sehr geschickt von unten vorzusägen wußten, so daß die Operation nichts zu wünschen übrig ließ.

Vollständig freistehende, bis zum Fuß stark beastete Eichen, wie solche in Nadelholzumwandelungsorten oder Buchenverjüngungen häufig als Vorwuchsstämme auftreten, konnten fast immer vom Boden aus mit der Handsäge soweit der Aeste entledigt werden, als die Operation mit Rücksicht auf eine schnelle Ueberwallung ausgedehnt werden durfte, so daß nur selten Stangensägen oder Leitern hier ins Mittel zu treten brauchten.

In allem älteren Holze, sei es im Schluß oder im Einzelstande, wurde die zu entästende Eiche mit möglichst leichten, je nach Bedürfniß längeren oder kürzeren Leitern bestiegen, und es kamen dabei entweder Beile, oder stärkere und schwächere Handsägen mit Nachglättungsinstrumenten in Gebrauch, und zwar erstere für stärkeres, letztere für schwächeres Holz. Ob nun diese oder jene, oder auch alle Instrumente zugleich, bei den Operationen wirken, wird lediglich durch die örtlichen Verhältnisse bestimmt, und kommt es hierbei darauf an, daß der das Geschäft leitende Forstbeamte sowohl Arbeiter als Instrumente richtig vertheilt. Der eine Arbeiter führt dies, der andere wieder jenes Instrument mit besonderer Sicherheit, der eine vermag selbst ohne Hülfsmittel beträchtliche Bäume zu erklimmen, während der andere nur vom Boden oder der Leiter aus seine Geschicklichkeit entwickelt; überall aber macht Uebung den Meister, und zu welcher Fertigkeit es einzelne, besonders gewandte Arbeiter im Klettern und in der Handhabung der Instrumente, selbst in der unbequemsten Situation, zu bringen vermögen, davon liefert die Praxis den besten Beweis.

Aeste, welche wegen ihrer Stärke, oder ihrer sonst ungünstigen Anheftung die Anwendung des Beiles bedingten, wurden mit einem leichten Handbeile derart von unten nach oben, oder unter Umständen etwas von der Seite her vorgehauen, daß der dadurch entstehende Kerb nicht hart am Schaft, sondern mehr über der Astwurzel liegt; der auf diese Weise beim Herabbrechen des Astes unterhalb zwischen Kerb und Schaft stehenbleibende Stift, der beim Nachglätten noch zu beseitigen ist, hindert das Einreißen und Splittern am Schafte, und kann daher diese Vorsichtsmaßregel, besonders bei stärkeren Aesten, nicht genug empfohlen werden. Oft wurde auch, zur Vermeidung der Beschädigung des Schaftes, der etwa weit überhängende Ast erst gekürzt, und nachher der zurückbleibende Stummel dicht am Stamm entfernt, was die Operation allerdings noch sicherer, aber immer zu einer zeitraubenden machte.

Das Nachglätten der roh hergestellten Wunden besorgte das Ballenbeil, welches jene zugleich möglichst entsprechend der Stammform abzurunden hat, wobei jedoch nie außer Acht gelassen werden darf, daß hier der Hieb oder Stoß mit dem kurz gefaßten Beile stets von unten nach oben, also mit der Holzfaser, erfolgen muß, um jedes Splittern sorgfältig zu vermeiden. Mehrfach wurde auch die Courval'sche Hippe beim Nachglätten benutzt, womit einzelne Arbeiter mit der Zeit sich Uebung erwarben.

Diejenigen Aeste, welche in das Bereich der Säge fallen, wurden ebenfalls erst von unten her vorgeschnitten, oder da, wo die Anwendung größerer Sägen nothwendig erschien, welche beim Schnitte von unten her schwer zu regieren sind, besser mit dem Handbeil vorgehauen. Das Nachglätten besorgten auch hier entweder die zuvor schon angeführten Instrumente, oder ein geeignetes kleines Stoßeisen, über dessen Form weitere Experimente erst noch zu entscheiden haben. Erstere fordern viel Vorsicht, damit nicht Vertiefungen, die dem Wasser und überhaupt den atmosphärischen Niederschlägen einen Halt gewähren, auf der meist ebenen Schnittfläche der Säge entstehen; es genügt daher ein bloßes Stoßen oder Stemmen mit dem ganz kurz gefaßten Beil, oder der schneidemesserartig gehandhabten Courval'schen Hippe, um Fasern und Splitter zu beseitigen. Letzteres, das Stoßeisen, hat den Vorzug vor jenem, daß es leichter ist, beim Transport weniger belästigt und von sicherer Stellung aus die Operation sehr erleichtert, auch den Arbeiter weniger ermüdet.

Bis auf welche Höhe an den einzelnen Stämmen die Aeste abzunehmen sind, läßt sich durch Zahlen nicht bestimmen; Bestandesverhältnisse, Alter und überhaupt Individualität des Baumes selbst sprechen dabei mit, und bleiben demnach örtliche Erfahrungen, gestützt auf den Grundsatz, daß der Schaft nie mehr Aeste verlieren darf, als er deren Wunden schnell und gleichzeitig wieder zu heilen vermag, stets der beste Rathgeber.

Im Stangenalter heilt die Eiche ihre Wunden am rascheſten, etwas langsamer in der frühesten Jugend, und um so mangelhafter, je mehr der Baum dem Haubarkeitsalter nahe rückt. Kraft und Gesundheit des Baumes, sei es daß dieselben durch Boden, Alter, Klima oder Standort bedingt werden, heilen stets rasch und schadlos und es bedarf wohl keiner sehr langen Erfahrung, um die Ansicht zu vertreten, daß dies auf besserem Boden, im milden Klima, in wärmerer geschützter Lage und unter günstigen Lichteinwirkungen schneller und günstiger geschieht, als im umgekehrten Fall.

Wenngleich der unausgesetzt auf die Wunde einwirkende Sonnenbrand das schnelle Eintrocknen derselben und daher sehr oft starke Kernrisse verursacht, die dem Wasser zugänglich sind, also eine schadlose Heilung theilweise hindert, so wird doch der möglichst wenig gestörte Lichtzutritt Bedingung für eine schnelle Ueberwallung. Wenn ferner die Eiche, durch die drängende Umgebung hochgehoben, ihre Schaftentwickelung vernachlässigen mußte, so wird sich hier eine etwaige Wunde ebenso langsam mit einer neuen Holz- und Rindenlage überdecken, wie dies da rasch von Statten geht, wo eine reiche Beastung die Schaftausbildung, allerdings auf Rechnung des Höhenwuchses und der Nutzfähigkeit, begünstigte. Wenn sich endlich die blosgelegten Holztheile in feuchten Niederungen, besonders bei vollem Waldschluß, der der Luft und Sonne jeden Zutritt versagt und jene dumpfe, feuchte, oft schon dem Menschen unbehagliche Atmosphäre erzeugt, schnell zersetzen und mürbe werden, so lasse man die Hand hier lieber vom Baum, wenn nicht ein Theer- oder ein sonst geeigneter Ueberstrich die Wunde schnell von jenen nachtheiligen Einflüssen abschließen kann.

Die Ueberwallung bricht zwischen Splint und Rinde, zuerst an den beiden Seiten der Wunde, hervor, schließt sich dann nach oben und unten, so daß die Wundenränder eine Ellipse bilden. Oft findet man, daß an einer Stelle die Ueberwallung ausbleibt, oder wenigstens im ersten Jahre nicht zu Tage tritt; hier ließ das Aesten, wenn auch unmerkliche, kaum sichtbare Schäden zurück und hinderte dadurch den natürlichen Wachsthumsvorgang.

7*

Wenn das Aufästen sich im Allgemeinen bei freistehenden Stämmen nicht über 1/3, bei mehr im Schluß erwachsenen nicht über 1/2 der Schaftlänge ausdehnen darf, so kann solches der im engen Schluß hochgetriebene Schaft doch unter Umständen bis zu 2/3 oder 3/4 der Schaftlänge schadlos hinnehmen, und zwar um so eher, je mehr die Kronenbeastung durch den Waldschluß beschränkt und der Schaft dabei zur Selbstreinigung gezwungen worden ist. Dieses natürliche Aufästen, durch allmäliges Absterben der durch die Umgebung überschirmten Aeste herbeigeführt, geht aber, wie schon oben angedeutet, nur mit unvollkommener Heilung der Wunden von Statten, und bringt der durch Schnee, Duftanhang, Sturm oder Holzsammler heruntergebrochene Ast durch seinen, am Schaft zurückbleibenden, bald abtrocknenden und einfaulenden Stummel den lebenskräftigen, werthvollen Stamm in Gefahr; die verschiedenartigsten Insekten suchen hier ihre Nahrung und ihre Brutplätze auf, aus denen der Specht bei seiner Jagd bald den aus der Ferne obdachlos durchwandernden Höhlenbrütern eine bequeme und erwünschte Wohnung zimmert.

Es kann in solchen Fällen selbstredend nicht im Zweck des Aufästens liegen, durch Beseitigung noch gesunder, mehr kronenständiger Aeste noch eine weitere Beschränkung der für das Gedeihen des Baumes so nöthigen Beastung eintreten zu lassen, nachdem die Natur, besser als jede Menschenhand, die Baumform geregelt hat. Das künstliche Aesten wird demnach nur zum vorbeugenden Mittel, indem es sich nur auf trockene, im Absterben begriffene Aeste, oder einfaulende Stummel soweit beschränkt, als der Stamm voraussichtlich einst als Nutzholz Verwendung finden wird, und soweit dies überhaupt bei nicht zu hohem Kostenaufwand ausführbar ist[1]). Hier lösen die Beile ihre Hauptaufgabe, indem sie etwa schon einfaulende Stummel geschickt amputiren müssen; hier kann ferner auch der Steinkohlentheer, besonders bei stärkeren Wunden, seine unfehlbaren Dienste leisten und dessen Anwendung zur Nothwendigkeit werden, da einerseits die Heilung der Wunden hier meist eine sehr langsame ist und andererseits eine innere organische Verbindung mit der etwa schon eingetrockneten Astwurzel nicht mehr erfolgt. Der Theer hat hier nur die Fäulniß fern zu halten, so daß die, wenn auch trockene Astwunde im gesunden Holze verwächst, was erfahrungsmäßig besonders stärkere Nutzhölzer nicht beeinträchtigt.

In größeren Schneidemühlen, wo Eichenbretter zum Verkauf kommen und stets in größeren Massen vorräthig gehalten werden, weiß man solche Astlöcher, die durch Herausfallen der betreffenden Astabschnitte entstehen, nicht nur vollständig unschädlich, sondern dem Auge des Käufers auch unsichtbar zu machen,

---

[1]) Bei kräftigem Wuchs der Eiche, also speziell unter ganz günstigem Standort, heilt selbst die natürliche Astwunde leichter, und besondere Lebens- und Wuchskraft des Baumes vermag selbst die schon eingeschlichene Fäulniß unschädlich zu machen. Die Kunst ästet demnach nur da, wo die Natur deren Hülfe nicht entbehren kann.

indem man ein entsprechend geformtes Stück Eichenholz keilartig in die Astlöcher eintreibt und so auf den äußeren Seiten nachzuglätten und mit feinem Sand zu verreiben versteht, daß selbst ein geübtes Auge den Fehler für natürlich hält.

Alte, mehr wipfelständige, trockene Aeste bringen den Stamm weiter nicht in Gefahr und können ruhig ihrem Schicksal überlassen werden. Ebenso finden schwächere, im Absterben begriffene oder schon eingetrocknete Aeste bei den Operationen weiter keine Berücksichtigung, sondern können am Schafte verbleiben, bis sie durch die allmälig sich vorschiebende Rinde abgestoßen werden, um schadlos zu vernarben. Selbst Wasserreiser, wie sie Freistellung oder zu starkes Aesten hervorruft, müssen später dem Waldschluß unterliegen.

Ganz freistehende Eichen, und besonders Vorwuchsstämme, die früher oder später in engen Schluß genommen werden, also der zuvor berührten, natürlichen Schaftreinigung anheimfallen, welche letztere aber bei schon erstarkten Aesten stets nachtheilig einwirkt, bedürfen in der Regel eines stärkeren Aestens, als auf einmal der Baum dies schadlos hinnehmen kann. Hier läßt sich nur durch periodisch wiederkehrende Operationen das richtige Verhältniß erreichen; man lasse aber da die Hand lieber ganz vom Baume, wo Bestandesverhältnisse oder mangelnde Mittel diese Wiederkehr versagen.

Wenn auch im Allgemeinen durch das Entfernen der unteren schaftständigen Aeste der Zweck der Erziehung von werthvollem und gesundem Nutzholz erreicht wird, so kann doch noch wesentlich dadurch auf eine normale Schaftentwickelung hingewirkt werden, daß man das Verfahren auch auf die mehr kronenständigen Gabeln, speziell bei jüngeren Stämmen, bis vielleicht zum angehenden Stangenalter hin, ausdehnt, indem man den geeignetesten Gabeltrieb stehen läßt, den anderen aber dicht am Schaft entfernt. Unter günstigen Wachsthumsumständen wächst die Eiche diese Schäden leicht aus, indem der eine Trieb schnell die Oberherrschaft gewinnt und sich zum Wipfel erhebt, während bei ungünstigem Standort, besonders im rauhen Klima, wo verschiedene Störungen eintreten, der Eiche dies selten gelingt, indem beide Gabeltriebe sich dem haubaren Stamm überliefern, oder unter langem Kampfe die Form und Ausbildung des Schaftes beeinträchtigen.

Hinsichtlich der bei solchen Schaftoperationen anzuwendenden Werkzeuge sei noch bemerkt, daß zwar die Säge mit drehbarem Blatt hier meist günstig operirt, daß aber Hauinstrumente der Wunde eine angemessenere, der Ueberwallung günstigere Form zu geben im Stande sind. Ganz wipfelständige, schwächere Gabeltriebe lassen sich mit der Stangenscheere schnell reguliren und es vernarbt hier eine selbst weniger regelrechte Wunde schnell und schadlos.

Es bleibt hier noch die Frage zu erörtern, ob mit den schon früher berührten Freistellungen der Eichen gleichzeitig eine Aestung derselben ohne Nachtheile verbunden werden kann: Im Gemisch von Schattenhölzern wird die Natur in den Fällen wohl immer das Geschäft des Aufästens selbst nicht verabsäumt haben, wo die Eiche schon von Kindheit gleichzeitig mit denselben aufwuchs und wo eben nur einzelne, schwächere Aeste am Schaft hervorsproßten, um bald wieder abzusterben, herunterzubrechen und schadlos zu vernarben. Hier wird eine künstliche Aestung mindestens als erfolg- und zwecklos unterbleiben müssen, vielmehr die Erziehung einer neuen Beastung zur Kräftigung des oft haltlosen Schaftes erwünscht sein. Trat jedoch die Eiche erst im späteren Alter in enge Berührung mit der Umgebung, so wird deren Schaft stets mit vielen trockenen Aesten und Stummeln bekleidet sein, deren Beseitigung nöthig ist, ehe wieder neuer Waldschluß eintritt und so lange der durch die Freistellung herbeigeführte Lichtzutritt noch auf die Vernarbung der Wunden günstig einzuwirken vermag.

In Gesellschaft von Lichthölzern wird die Beastung der Eiche meistentheils lange in Lebensthätigkeit sein, und es wird hier das Individuum selbst am besten seine Behandlung dem sorgsamen Pfleger an die Hand geben und zur Entscheidung führen, ob außer den etwa abgestorbenen Aesten noch gesundes Holz zu nehmen ist, ohne die auf das Gedeihen so wohlthätig wirkende Belaubung zu sehr zu beschränken, oder die Schaftentwickelung zu stören und die Vernarbung der Wunden fraglich zu machen. Im Allgemeinen dürfte es gerathen erscheinen, einzelne, etwa tief am Schaft entspringende Aeste, deren Entwickelung die Lichthölzer meist dulden, erst dann zu nehmen, wenn die Freistellung ihre günstigen Wirkungen auf die Eiche bereits zu erkennen giebt.

Wo die Eiche in Folge von Hiebsoperationen (Läuterungen und Reinigungen) plötzlich vom Fuße aus freigestellt wird, muß man sich jedes Aestens so lange enthalten, bis der Stamm den überwundenen Lichtwechsel durch Ansetzen stärkerer Triebe kennzeichnet.

Die nach allen Freistellungen oft sich zeigenden Wasserloden stören zwar den Saftumlauf, hemmen die Ueberwallung und leben auf Rechnung der Holzvermehrung, jedoch würde es zu weit führen, wollte man auch diese ausschneideln, und zwar um so mehr, als sie von Neuem wieder hervorbrechen.

Dasjenige Alter, mit welchem den Entästungen wegen mangelhafter Vernarbung der Wunden ein Ziel gesetzt werden muß, hängt von örtlichen Umständen ab, obgleich sich im Allgemeinen wohl annehmen läßt, daß der Eiche das Verheilen so lange ohne Nachtheile möglich wird, als sie ihre Höhenentwickelung noch nicht einstellt. Oertliche Beobachtungen und Erfahrungen können daher allein nur zum sichern Maßstab dienen, und haben darüber Aufschluß zu geben, wie weit die Operationen in dem einen oder anderen Standort, in dem einen oder anderen Reviere, auszudehnen sind.

Hinsichtlich der Jahreszeit für die Aestungen sind die Ansichten getheilt: Einige wollen die Arbeit im Winter, wegen der zu vermeidenden Blutungen, ausführen, Andere wieder benutzen jede Jahreszeit dazu, ohne erkennbare Nachtheile daraus folgern zu müssen; im Allgemeinen wird man sich, wenn es überhaupt feststehende Thatsache ist, daß die Eiche, entgegen den bei anderen Holzarten gemachten Wahrnehmungen, das Bluten ohne alle Nachtheile, selbst für die Holzvermehrung, hinnimmt, schon aus dem Grunde gegen die Sommerästungen aussprechen müssen, weil dann die mit Saft unterlaufene Rinde, selbst bei der größten Vorsicht, leicht einreißt und sich vom Splinte löst, was die Ueberwallung ungemein verzögert. Ferner gestattet der entlaubte Baum besser die Wahl des zu entfernenden Holzes, und erleichtert die Operation in geschlossenen Beständen, während außerdem der Winter eher Arbeitskräfte zur Disposition stellt, als jede andere Jahreszeit. Man äste daher in der Zeit der gewöhnlichen Holzfällungen. (Wadelzeit.)

Hinsichtlich der für die Aufästungen zu verwendenden Arbeitskräfte ist es allerdings an solchen Orten, wo dem Forstwirth genügende Mittel zur Bestandespflege zu Gebote stehen, rathsam, die Arbeit durch gewandte und zuverlässige Lohnarbeiter zu bewerkstelligen. Häufig sind jedoch diese Mittel sehr unzureichend und hier und da finden sich in solchen Fällen wohl zuverlässige Leute, welche die Aestungen gegen Ueberlassung des bei der Arbeit abfallenden, oft sonst kaum verwerthbaren Materials ausführen. Auf diese Weise läßt sich oft viel wirken, während dabei zugleich den ärmeren Leuten Gelegenheit geboten wird, sich ihren Holzbedarf nicht durch Diebstahl, sondern auf eine für den Wald so nützliche Art und Weise zu erwerben. Bei beständiger strenger Aufsicht und entsprechender Vertheilung der zu Gebote stehenden Arbeitskräfte, sowie mit guten, vom Forstbesitzer zu liefernden Werkzeugen, ist auf diese Weise eine oft ebenso tadellose Arbeit zu liefern, als durch Lohnarbeiter. Die Opfer, die der Wald dafür bringt, sind in den meisten Fällen gar nicht zu veranschlagen, denn welchen Werth hat zum Beispiel der trockene Ast, der einfaulende Stummel in älteren Beständen, der heute sorgsam vom Stamm getrennt wird, während er vielleicht einige Jahre später herunterbricht und verfault, oder der Raff- und Leseholznutzung anheimfällt? Welchen Werth haben ferner die in unzugänglichen Dickungen an einer vereinsamten Eiche sitzenden Aeste, wenn sie mühsam heruntergehauen, an vielleicht entfernte Wege oder Gestelle transportirt und für hohen Lohn aufgeklaftert werden? Nicht die Hälfte der aufgewendeten Kosten wird zurückerstattet, während der arme Mann, dem es in vielen Gegenden an Verdienst und Gelegenheit zu Lohnarbeiten fehlt, das Abästen gern für das abfallende Material besorgt. Ich spreche hier jedoch nicht im Allgemeinen, sondern habe vielmehr nur einzelne Verhältnisse, wie sie in manchen Theilen der Eifel und auch anderwärts obwalten, im Auge, denn es giebt Gegenden, wo das abfallende Material mehr, als die Arbeit werth ist, und hier, sowie da, wo sich keine Arbeitskräfte gegen Ueberlassung des abfallenden Holzes finden, sprechen die Lohnästungen sich selbst das Wort. Hier fragt es sich nur, ob reine Lohnästungen auszuführen sind, oder ob neben dem Material noch eine geringe Geldentschädigung zu bewilligen ist.

Sollte nicht vielleicht die Frage einer gründlichen Erwägung werth sein, ob nicht auch eine Rindennutzung mit den Entästungen verbunden werden kann und zwar solchen Orts, wo die Lohe gut bezahlt wird?

Hinsichtlich des Kostenpunkts des Aufästens lassen sich bestimmte Anhaltspunkte nicht gewinnen; Bestandesverhältnisse, Wuchs und Alter des Holzes, Gewandtheit der Arbeiter und Beschaffenheit der Werkzeuge sprechen dabei mit, jedoch haben sich nach genauen örtlichen Beobachtungen, bei allerdings sehr kurzschäftigem Wuchs des Holzes, folgende Durchschnittszahlen ergeben[1]):

Es wurden entästet pro Mann und Tagwerk:

Im Schluß:		
Im mittleren Baumalter	10—12	Eichen.
„ angehenden Baumalter	20—25	„
„ Stangenalter	60—80	„
Im Freistande:		
Im mittleren Baumalter	6— 8	„
„ angehenden Baumalter	12—15	„
„ Stangenalter	30—40	„

Ueber den Einfluß des Aufästens auf die Holzvermehrung habe ich vielfache Untersuchungen angestellt und dabei recht interessante Wahrnehmungen zu Gunsten des Verfahrens gemacht:

Bei 8 Stück 30 Jahr alten, im Herbst 1859 bis auf ⅓ der Höhe aufgeästeten Eichen, die beim späteren Einschlage im Winter 1864/65 derart zergliedert wurden, daß auf je 3 Fuß Länge des Schaftes ein Querdurchschnitt in Form einer kleinen Scheibe herausgeschnitten wurde, stellte sich heraus, daß am Stockende eine Zunahme der Jahresringe nicht, oder doch nur in sehr geringem Grade eingetreten war, während dieselbe da deutlich sichtbar war, wo die untersten Aeste gesessen hatten; diese Zunahme der Jahresringe markirte sich hier nur für die ersten 2 Jahre nach der Aestung, während dieselbe am mittleren Stammabschnitt auch noch im 3. Jahre und im Wipfelabschnitt sogar noch im 4. Jahre, wenigstens in den meisten Fällen, sichtbar war, woraus hervorgeht, daß die Eiche in Folge des Aestens nach oben einen größeren und ausdauernden Stärkezuwachs entwickelt, als am astfreien Schafte, daß der Stamm also vollhölziger wird.

Im Durchschnitt konnte bei allen Probestämmen die Gesammtstärke der zwei ersten Jahrringe nach der Entästung der von 4 bis 6 Jahrringen vor derselben gleich gerechnet werden, also ein Verhältniß wie 1 zu 2 bis 3.

Der Umstand, daß im ersten Jahre nach dem Aesten die Holzmehrung überall geringer war, als im zweiten Jahre, scheint, obgleich das Entästen im Vorwinter stattfand, durch die Verminderung der Säfte, in Folge des im Frühjahre eintretenden Blutens der Wunden herzurühren, vielleicht mag auch die durch die Operation im Stamm veranlaßte Erschütterung der Lebensthätigkeit der Grund sein.

---

[1]) Bei sehr langschäftigem Holze wird schon durch das schwierigere Besteigen der Bäume die Operation sehr gehemmt.

Aehnliche Untersuchungen, die ich bei etwa 60 Jahr alten, im Freistand erwachsenen Eichen anstellte, ließen keinen bemerkbaren Einfluß der früheren Aestungen auf die Holzmehrung nnd Stammform erkennen.

Alle diese Wahrnehmungen scheinen zu der Annahme zu berechtigen, daß man im Freistande frühzeitig und nur so lange durch Aesten auf die Stammform einzuwirken hat, bis eine werthvolle Schaftlänge erreicht ist, während immer erst dann das künstliche Aesten vorbeugend einzugreifen hat, wenn das natürliche Aesten den Stamm in Gefahr zu bringen droht.

Der Einfluß, welchen das Entästen auf die Höhenentwickelung ausübt, ist bei jüngeren, etwa bis zu 30 Jahren alten Stämmen besonders dann sehr auffällig, wenn dieselbe durch eine übermäßige, oft weit herabsteigende Beastung gehemmt worden war, während bei den mehr oder weniger im Schluß erwachsenen und überhaupt bei allen älteren Eichen seltener ein solcher Einfluß in auffälliger Weise bemerkbar wird.

Nachdem ich nun hiermit Dasjenige über das Aufästen zusammengestellt habe, was ich darüber zu sammeln vermochte, sei es gestattet, noch einer Gelegenheit zu gedenken, wo durch ein sorgsames regelrechtes Aesten sehr viel genutzt werden kann, während dort jetzt ein systemloses, mit den Fortschritten unserer Erfahrungen nicht verträgliches Verfahren üblich ist; ich meine einzelne Anpflanzungen an öffentlichen Straßen und Chausseen: Die dort stellenweise in Anwendung kommende Baumpflege, wie man sie wohl oder übel schon nennen muß, scheint nur dahin gerichtet zu sein, die jungen Stämme — Eiche, Ahorn und leider oft die werthlose Eberesche — schnell hochzutreiben, um möglichst wenig Beschattung für die Wege herbeizuführen. Zu diesem Zwecke wird das im engen Schluß in der Baumschule keilförmig hochgetriebene Stämmchen gleich beim Ausroden, wobei stets die dominirenden Pflanzen mitten aus den verschiedenen, jüngeren Altersklassen herausgenommen werden, derart an den Wurzeln verstümmelt, daß wenig Hoffnung für dessen Zukunft übrig bleibt. Dann stutzt man ohne erkennbare Veranlassung und ohne Rücksicht darauf, ob der Stamm Kronenäste behält oder nicht, bis auf eine gewisse Höhe dessen Wipfel ein, und verpflanzt diese Carricatur, zur Augenweide jedes Reisenden, an die öffentlichen Landstraßen in schon Tage- oder Wochenlang der Sonnenhitze ausgesetzt gewesene, offenstehende Pflanzlöcher. Nach einigen Jahren beginnt dann das Aufästen mit schlecht construirten Werkzeugen bis zum äußersten Wipfel, unter Zurücklassung längerer oder kürzerer Stummel, so daß eine büschelförmige Krone entsteht, die aus der Ferne der Pflanze das Ansehen giebt, als sei eine Mütze auf eine lange biegsame Stange gehängt worden. Stößt man bei diesem Aufästen auf Gabelbildungen, so erhält man in der Regel dieselben sorgfältig, raubt ihnen aber bis zur äußersten Spitze alle Aeste, selbst die kleinsten Saftleiter, und setzt in dieser Weise die Operationen, ohne Rücksicht auf die Ueberwallung der alten Wunden, jährlich so lange fort, als das durch eine Stange verlängerte Aestungsinstrument dies gestattet. Dann bekommt der Baum Ruhe, steht viele Jahre im Wuchse still, Schaft und Zweige überziehen sich mit Moos und Flechten und er bequemt sich nach und nach zu einer flachen, schirmförmigen, im späteren Alter stark Schatten werfenden Krone. Die meisten dieser verkrüppelten, nach der herrschenden Windrichtung gezogenen Mißgestalten werden durch Sturm entwipfelt, da der kraft- und saftlose, durch unzählige Astwunden bereits am Brande oder der Fäulniß leidende Schaft dem Uebergewicht der Krone nicht Stand zu halten vermag.

Wäre es nicht angemessen, gerade an den öffentlichen Wegen, wo so mancher Wanderer Augenweide an den Formen der Bäume sucht, mit dem Schönen zugleich das Nützliche zu verbinden, nach den Regeln der Schneidelung eine gefällige, der Stammentwickelung günstige pyramidale Krone zu erziehen und durch späteres regelrechtes Aufästen lange, vollholzige, wenig Schatten werfende Nutzstämme heranzubilden? Welcher Ertrag könnte dadurch erzielt werden, und welche Geldopfer würden durch das immer und immer wieder nöthig werdende Nachpflanzen neuer, ebenso untauglicher Stämme und durch das Ergänzen der abbrechenden Baumpfähle, die die haltlosen Stämme nicht zu stützen vermögen, umgangen werden[1])?

Jedoch, so lange die Baumpflege an den Wegen Leuten anvertraut bleibt, die vom Walde weiter nichts wissen, als daß er jedes Jahr grün wird, ja die, wie ich aus eigener Wahrnehmung weiß, einen mühsam angelegten Eschensaatkamp von Neuem umarbeiten ließen, weil der Same nicht im ersten Jahre aufging, läßt sich wenig Hoffnung an ein Besserwerden knüpfen.

---

1) Vorstehende Aeußerung entspringt den Wahrnehmungen, welche der Verfasser in einem Kreise der Eifel machte. In anderen Gegenden werden die Aestungen der Allee- und Chausseebäume allerdings mitunter sorgfältiger betrieben, jedoch fast überall wird darin gefehlt, daß man, wenn auch absichtslos, mehr oder weniger schirmförmige Baumkronen heranbildet, was vermieden würde, wenn man alle schwachen Aeste dem Stamme beläßt, hingegen alle Gabeln und starken Aeste nach und nach hart am Stamme beseitigt.

VIII.

Die Werkzeuge zur Pflege der Eiche.

Soll die Ausführung der verschiedenartigen, für das Wohl der Eiche hier empfohlenen Operationen von günstigem Erfolge begleitet sein, und zugleich der Nachtheil abgewendet werden, welcher durch die Benutzung unbrauchbarer und fehlerhafter Werkzeuge, selbst bei der größten Sorgfalt der Arbeiter, nicht vermieden wird, so ist es nöthig, daß der Wahl derselben nicht nur eine ganz besondere Aufmerksamkeit geschenkt wird, sondern daß auch die Rücksicht auf die empfehlenswerthesten Bezugsquellen nicht außer Beachtung bleibt[1]).

Die Erfahrung hat hinreichend gelehrt, daß nicht nur eine kleine und unbedeutend erscheinende Abweichung in der Construction der Werkzeuge deren Brauchbarkeit mehr oder weniger in Frage stellt, sondern daß auch eine richtige Härte im Stahl deren Ausdauer sichert. Meist nur der Fabrikant vermag beide Bedingungen stets gleichbleibend zu erfüllen und dabei billige Preise zu stellen, während dem Handwerker das eine Instrument gelingt, das andere aber fehlschlägt.

Bei allen auch zu andern Zwecken in Gebrauch kommenden Werkzeugen herrscht bekanntlich eine große Verschiedenheit in der äußeren Form; an einem Orte zieht man diese, am andern Orte wieder jene Construction vor, und überall glaubt man die brauchbarsten Instrumente zu haben, weil die Hand sich eben daran gewöhnt hat und man bessere vielleicht nicht kennen lernte.

Wenn sich nun auch nicht leugnen läßt, daß die Einführung fremder Werkzeuge mit manchen Schwierigkeiten verbunden, und mancher Zeitaufwand nöthig ist, ehe, besonders beim gewöhnlichen Waldarbeiter, die Vorurtheile beseitigt sind, welche demselben stets gegen alle Neuerungen innewohnen, so machen doch die hier besprochenen Operationen, weil sie an vielen Orten meist auch Neuerungen sind, die Anschaffnng von nur bewährten neuen Instrumenten um so mehr nöthig, als, neben vielen anderen Vortheilen, dadurch die Arbeit sehr

---

[1]) Die Gebrüder Dittmar in Heilbronn, Württemberg, haben sich erboten, alle hier beschriebenen Werkzeuge, insoweit solche in der Fabrik noch nicht vorhanden sind, genau nach Vorschrift anzufertigen. Der Verfasser wird für letztere die Modelle liefern.

gefördert und somit die vielfach bestrittene Möglichkeit der Ausführung einer so eingehenden Bestandespflege selbst den Gegnern derselben näher gebracht wird.

Die im Nachfolgenden in den Figurentafeln bildlich dargestellten und, soweit dies nicht schon früher geschehen, mit der nöthigen Gebrauchsanweisung versehenen Instrumente, sind hier, wie ich es ausdrücklich vorausschicke, nicht in Folge einseitiger Ansichten empfohlen, vielmehr haben sich dieselben eine weitgehende Anerkennung, nach vielseitiger und jahrelanger Prüfung, von mehreren Forstwirthen und auf mehreren Revieren verdient.

Ich habe diese Werkzeuge, die ich übrigens auf die geringste Zahl beschränkte, nicht nach ihren Gebrauchszwecken genau ordnen können, da einzelne derselben bei verschiedenen Operationen mitwirken, wie zum Beispiel Schneidelungs- und Freistellungsinstrumente oft sich gegenseitig unterstützen. Es sind jedoch auf dem angehängten Figurentafeln die Gattungsverwandten möglichst zusammengestellt.

1. Das bekannte, nach vorn gekrümmte Gartenmesser, durch den Forstmann auch wohl der Name Krummmesser beigelegt, ist bisher überall, und besonders beim Gärtnereibetriebe, zum Beschneiden und Ausästen junger Bäume in Anwendung gekommen und findet dasselbe auch bei den Schneidelungen im Walde, besonders wenn es nicht zum Einschlage eingerichtet ist, seine Verwendung. Man hat davon besonders zwei Formen im Gebrauch, und zwar die eine, mit stark nach vorn gebogener Klinge (Tafel I. Fig. 1) und die andere, mit mehr gerader Klingenconstruction (Fig. 2), von denen die Einen dieser, die Anderen jener den Vorzug geben.

Im Allgemeinen findet man jedoch in neuerer Zeit, besonders beim Gärtner, mehr die geradere Schneide vertreten und gewährt diese den Vortheil vor jener, daß die kürzere, mehr kräftige Klinge einen sichereren Schnitt gestattet, daß sie nicht so leicht bricht, daß sie beim Schneideln leichter durchgleitet, was den Effekt vermehrt, daß sie eine glattere, der Ueberwallung günstigere Schnittfläche herstellt, und daß endlich die ganze Schneide mehr gleichmäßig wirkt, was anderen Falls meistentheils nur an der Schneidestelle in der Krümmung geschieht. Andererseits aber zieht man die mäßig nach hinten geschweifte Form des Griffes in Figur 1 der in Figur 2 vor.

Erwähnung verdient noch das bei Rosché in Homburg zu beziehende, in Figur 3 dargestellte, mehr gerade Gartenmesser, welches wegen seiner handlichen Form vielorts als besonders brauchbar empfohlen wird.

Neuerdings hat man auch das Gartenmesser an dem der Klinge gegenüberliegenden Ende des Heftes mit einer kleinen, zum Einschlagen eingerichteten Stichsäge verbunden[1]), mit der man Aeste bis zu $1\frac{1}{2}''$ Stärke vom Stamm trennen kann, und hat den Zähnen eine kreuzweise, schräg gegenüberstehende Stellung gegeben, um dadurch das bei Bügelsägen übliche Schränken — Bie-

[1]) Dasselbe wird in Wittlich nach Anleitung des Herrn Oberförsters Koch durch den Messerschmidt Klerings sehr solide für 17 Sgr. gefertigt.

gen der Zähne nach abwechselnd entgegengesetzter Richtung — zur Vermeidung des Zwängens im grünen Holze, zu ersetzen. Durch diese eigenthümliche Construction gewinnt die Säge bedeutend an Effect, obgleich deren Schnittfläche keine für die spätere Heilung der Wunde sehr günstige ist, was das Nachglätten derselben mittelst des Messers in vielen Fällen nöthig macht.

Wenn nun auch diesem, mit der Säge verbundenen Krummmesser im Allgemeinen, zumal im Vergleich mit der nachfolgend angeführten Scheere, kein größerer Wirkungskreis zugewiesen werden kann, so ist dasselbe doch bei gelegentlichen kleineren Operationen, hier und da auch beim Freistellen der Eichenwüchse von drängenden Weichhölzern 2c., wo vielleicht andere Werkzeuge nicht gerade zur Hand sind, immer verwendbar, und leicht in der Tasche nachzutragen. Beim ausgedehnteren Schneidelungsbetriebe im Walde wird aber überhaupt das Messer, welcher Construktion es auch sei, nicht ausreichen, seitdem andere Instrumente, die schneller arbeiten, auch weniger ermüden und sich gerade für den hier beregten Zwecke besonders bewährt haben, von denen vor Allem

2. Die Astscheere[1]) den ersten Rang einnimmt. Dieselbe ist in Fig. 4 in ½ der natürlichen Größe dargestellt und gleicht etwas einer gewöhnlichen Scheere, wovon das eine Messer breit und scharf, das andere aber schmal und abgestumpft ist; letzteres dient dazu, den zu kürzenden, oder am Stamm zu entfernenden Ast bei der Operation gegen die scharfe Schneide zu drücken. Beide Messer werden durch zwei, zwischen den correspondirenden Armen mit Schrauben befestigten Federn in Spannung gehalten, und wird der beim Transport nöthige Schluß durch einen, an einem Ende des Armes angebrachten beweglichen Drahtring, welcher über das entsprechend geformte Ende des anderen Armes paßt, vermittelt. Dieser Drahtring wird jedoch, da er beim Gebrauch der Scheere leicht hindert, sich zwischen die Arme klemmt und Quetschungen an den Fingern veranlaßt, besser durch einen einfachen Lederriemen ersetzt, während ein kleines Ledertäschchen, welches die Scheere aufnimmt, Verletzungen beim Nachtragen derselben verhindert.

Im Allgemeinen hat sich die Scheere, nach vielfachen Versuchen und jahrelangem Gebrauch, als ein äußerst zweckmäßiges und zum Einstutzen der Aeste fast unentbehrliches Instrument bewährt. Sie leistet auch beim Trennen stärkerer Aeste und Gabeln vom Schafte unfehlbare Dienste, wenn diese einen Durchmesser von ¾ bis 1″ nicht übersteigen und wenn nicht etwa übermäßig reiche Beastung, oder abnorme Schaftbildung, deren Handhabung erschwert und in einzelnen Fällen auch wohl unmöglich macht.

---

1) Von den im Katalog von garten-, land- und forstwirthschaftlichen Werkzeugen der Gebrüder Dittmar in Heilbronn sub Nr. 26, 27, 29, 96, 121 und 126 angeführten verschiedenen Arten von Astbaumscheeren hat sich die unter Nr. 96a am brauchbarsten bewiesen. Preis 1 Thlr. 18 Sgr.

Beim Trennen der Aeste vom Schafte des Stämmchens ist besonders darauf zu achten, daß das breite Messer der Scheere dem letzteren zugekehrt ist und fest an demselben anliegt, und daß man bei Gabeltrieben nie den Schnitt von oben nach unten, wobei des stärkeren Durchmessers wegen eine zu große Spannung der Scheere nöthig wird, sondern von der Seite her führt; hierdurch wird das Stehenbleiben von Stummeln und die der Heilung der Wunden nachtheilige Rindenverletzung vermieden; auch verliert andernfalls der mehr gegen die Holzfaser geführte Schnitt sehr an Glätte.

Ferner gewährt die Scheere auch bei Schneidelungen in Kämpen große Vorzüge vor dem Messer, da sie schwächere Pflanzen nicht so leicht in ihrem Stande lockert, was in dem noch losen Beetgrunde leicht nachtheilig wird.

Endlich erstreckt sich der Wirkungskreis der Astscheere auch auf das Feld der Freistellungen, indem dieselbe, soweit sich die Operationen in noch jüngeren Beständen bewegen, wo schwächerer Ausschlag und der Hand noch nicht entwachsene Gertenhölzer zu Gunsten der Eiche zu entwipfeln sind, nicht nur gelegentlich vom Förster, sondern auch im ausgedehnteren Betriebe durch Lohnarbeiter gehandhabt werden kann. Nur ist es rathsam, für die rohe und oft ungeschickte Hand des Lohnarbeiters eine um die Hälfte größere Scheere, als die hier beschriebene Dittmar'sche, anfertigen zu lassen, welche grober gearbeitet sein kann und für 1—1⅓ Thlr. herzustellen ist. Bei den Operationen, die sehr rasch von Statten gehen, werden in einem Umkreise von einigen Fußen sämmtliche Beihölzer möglichst in gleicher Höhe ihrer Wipfel entledigt, so daß der alsbald erfolgende Wiederausschlag der etwa haltlosen Eiche eine sichere Stütze gewährt und deren Krone unterwächst. Bei noch schwächerem Ausschlag nimmt die Scheere, ähnlich einer Heckenscheere, gleich mehrere Wipfel zwischen die Schneide, während bei schon stärkerem Holze durch Herabbiegen des Wipfels mit der linken Hand die Schnittstelle in Spannung zu bringen ist, um dadurch den Schnitt zu erleichtern und die Ausdauer des Instruments nicht zu sehr auf die Probe zu stellen.

In den wenigen Fällen, wo bei den Schneidelungen stärkere und ungünstig angeheftete Aeste und Gabeln in den Weg treten, und die Scheere ihre Dienste versagt, muß

3) Die Handstichsäge, Taf. III. Fig. 18, ins Mittel treten[1]), welche aus einem nach dem Rücken etwas abfallenden, sehr biegsamen Sägeblatt, dessen Zähne zur Vermehrung des Effects gegen den Stoß gestellt sind, und dem durch Drahtstifte befestigten, faßlich ausgearbeiteten Holzgriff besteht, welcher letztere bei geringer Ermüdung eine verhältnißmäßig große Kraftanwendung und einen ziemlich sicheren Schnitt gestattet.

Es soll durchaus nicht geleugnet werden, daß dieses Instrument gleichwohl

---

[1]) Unter den in dem Dittmar'schen Preisverzeichniß aufgeführten Stichsägen bewährt sich die sub Nr. 123 am meisten. Preis 17½ Sgr.

seine Schattenseiten hat, die besonders in der Herstellung einer etwas rauhen Schnittfläche zu Tage treten, was bei einer feinzähnigen Bügelsäge weniger der Fall ist; aber die Stichsäge hat doch für den hier vorliegenden Zweck in mancher Hinsicht einen weiteren Wirkungskreis, als jene, und zwar besonders rücksichtlich abnormer Schaft- und Astbildungen, denen Sägen mit Bügeln oft ohne große Mühe nicht beizukommen vermögen. Auch ist die kleine Stichsäge am Hirschfängerkoppel oder dem Jagdtaschenriemen leicht transportabel.

Mit der so gefürchteten mangelhaften Verbindung der alten und neuen Holztheile, in Folge einer rauhen Schnittfläche, ist es übrigens bei jüngerem Holze nicht so gefährlich, wie es gemacht wird, da die kräftige und durch den Schnitt zu neuer Lebensthätigkeit angeregte junge Eiche erfahrungsmäßig solche Nachtheile fast schadlos hinnimmt.

Für die Aufästungen im älteren Holze aber kann diese Säge nicht füglich in Gebrauch kommen, da über $2^1/_2$—3" starke Aeste außer ihrer Leistungsfähigkeit liegen und andere Instrumente dort bessere Dienste leisten.

4) Die Stangenscheere[1]) (Taf. I, Fig. 5.) Hier ist das stumpfe Messer hakenförmig gekrümmt, während das nach unten gerichtete scharfe Messer in einen nach Oben laufenden Hebelarm, der durch eine Feder in Spannung erhalten wird, endet. Am Ende dieses Hebels wird in dem Oehr eiue Leine befestigt, bei deren Anziehen das correspondirende Messer den angehakten Ast oder Wipfel leicht durchschneidet. Das Instrument wird mittelst der an der unteren Verlängerung angebrachten Tülle auf eine Stange gesteckt, und lassen sich auf diese Weise vom Boden aus Schneidelungen solcher jungen Eichen, die der Hand entwachsen sind und deren Wipfel ohne Gefahr des Abbrechens nicht mehr heruntergebogen werden tann, vornehmen.

Selbstredend kann hierbei die Ausführung umfangreicher Schneidelungen nicht in Frage kommen und wird daher der Wirkungskreis der Stangenscheere ein mehr beschränkter bleiben.

Es werden sich daher nur insoweit durchgreifende Operationen damit vornehmen lassen, als es sich darum handelt, einzelne wenige Eichen in schon der Hand entwachsenen Gertenhölzern durch Schneidelung zum Höhenwuchs anzutreiben.

Auch bei Freistellungen findet dieselbe gelegentlich ihre Verwerthung, um schwächere Wipfel und Aeste verdammender Holzarten zu Gunsten der Eiche zu beseitigen, was besonders da, wo dieselbe im Gemisch mit Nadelhölzern auftritt, beachtenswerth ist. Hier lassen sich die letztjährigen, spröden Höhentriebe, selbst bis zu 1" Stärke, leicht mit derselben herunterschneiden und so die Zwischenhölzer um einige Jahre im Höhenwuchse zurückhalten, bis wohin dann nöthigenfalls die Operationen zu repetiren sein würden.

Gerade an solchen Orten könnte wohl dies Verfahren nicht dringend genug

---

[1]) Siehe Dittmar'schen Catalog Nr. 48a. Preis 1 Thlr. 18 Sgr.

empfohlen werden, wo die Eiche in weitständigen Wechselreihen (Biermannsche Methode) mit schnell wachsenden Zwischenhölzern (Kiefer, Lärche rc.) angebaut wurde. Die im engen Waldschluß sonst unhandliche Scheere läßt sich hier leicht handhaben, indem der operirende Arbeiter Reihe auf, Reihe ab geht. In stärkerem Holze leisten

5) Die Läuterungs- und Freistellungshippen (Taf. II. Fig. 7, 8, 9) gute Dienste. Bisher ist bei derartigen Operationen vielfach die gewöhnliche, dem Krummmesser ähnliche Hippe, welche der Holzhauer zu Bodenreinigungen und der Landmann zum Ausästeln von Reisern und ähnlichen Geschäften benutzt, nur in größerer Form, in Gebrauch gekommen; man hat auch hier und da Genügendes damit geleistet, ist aber allseitig bald zu der Ansicht gekommen, daß die nach vorn gekrümmte Klinge bei den hier in Rede stehenden Operationen nicht nur zwecklos ist, sondern auch deren Handhabung erschwert. Man gibt daher lieber den Klingen solcher Hippen eine stärkere oder schwächere Biegung nach hinten, welche Form bei einem schwunghaft geführten Hiebe wesentlich auf den Effect des letzteren influirt.

So ist nach der Idee des Königl. Oberförsters zu Baumholder, Reg.-Bez. Trier, die auf Taf. II, Fig. 7. dargestellte Hippe construirt worden, die sich sowohl in Bezug auf Klingen-, als Stielform besonders bewährte, nur hat man den Preis von 3 Thlr. zu hoch gefunden, so daß in der Königl. Oberförsterei Osburg das Instrument einfacher und für den Preis von 25 Sgr. hergestellt und damit gleichfalls ein günstiges Resultat erzielt wurde. In der Oberförsterei Wadern ist eine Freistellungshippe, Fig. 8, in Gebrauch, bei der die gefährliche Klingenspitze beseitigt wurde, um Verwundungen zu vermeiden.

Die Operationen gehen mit den soeben angeführten Instrumenten, theils am Boden in noch jüngerem Holze, theils von der Höhe der Leiter aus in schon älteren Orten, nach Wunsch von Statten.

Um die Operationen in stärkeren Gertenhölzern zu erleichtern, wo die Entwipfelungen mit der Handhippe vom Boden aus nicht in angemessener Höhe erfolgen können, auch Leitern durch Anlegen an die nachgebenden Gerten theils sehr unhandlich, theils gar nicht anwendbar sind, hat man in der Königl. Oberförsterei St. Wendel die sogenannte Stangenhippe (Fig. 9) construirt, welche durch eine Stange verlängert, die Operation in der Höhe, vom Boden aus, möglich macht. Dieselbe ist von Eisen, mit gut verstählter Schneide und mit öhrähnlich verlängertem Griff für den Preis von 15 Sgr. herzustellen. Den in das Oehr einzusteckenden, nach Bedürfniß 6—12′ langen Stiel liefert am geeignetesten eine 2″ starke Hainbuchengerte derart, daß das Wipfelende bei den Operationen in den Händen ruht, wodurch der zu führende Hieb an Effect gewinnt.

Man entwipfelt mit diesem Instrument, theils durch kräftig geführte Hiebe, theils durch einen Ruck von oben nach unten, schwächere und stärkere Gerten, und haut oder reißt überhängende Aeste von mehreren Zollen Stärke mit Leichtigkeit herunter.

Uebung macht den Meister und gibt schnell die weitere Gebrauchsanweisung an die Hand.

6) Die große Waldkulturscheere[1]) (Taf. I, Fig. 6) ist ähnlich construirt wie die kleine sub 2 beschriebene Astscheere, nur kräftiger gebaut, und sind deren Arme durch 3 lange Stiele von leichtem Holz verlängert, an deren inneren Seite zwei hölzerne Vorsprünge angebracht sind, welche beim Schluß der Scheere auf einander treffen und das Brechen der Stiele bei Anwendung von Gewalt verhindern.

Während die Stangenscheere mehr auf die äußersten Wipfelkürzungen und die Stangenhippe mehr auf Schaftkürzungen schon stärkerer Gertenhölzer berechnet ist, wird die Waldculturscheere sich mehr für das Einstutzen jüngerer Gertenhölzer verwenden lassen.

Auch da, wo bei Reinigungshieben einzelne Stockausschläge, oder sonstige Wildhölzer zur Stütze und zum Schutze haltloser, plötzlich freigehauener Eichen reservirt werden, ist zu deren Entwipfelung die Culturscheere brauchbar. Dieselbe geht nicht nur schonend mit den zu operirenden Holzarten um, welche sie bis zu 1½" Stärke vom Boden aus, selbst noch auf 9 Fuß Höhe, leicht und regelrecht kürzt, sondern sie beugt auch den bei allen Freistellungen so oft vorkommenden Fehlgriffen vor, daß die Schaftkürzungen zu nahe am Boden ausgeführt werden, wodurch, wie früher schon angedeutet, der haltlosen Eiche die nöthige Stütze geraubt wird.

Zum Aufästen junger Eichen ist dieselbe dagegen nicht zu empfehlen, da das Zurücklassen der der Ueberwallung ungünstigen Stummel damit nicht immer vermieden wird, auch andere Werkzeuge in der Hinsicht bessere Dienste leisten.

7) Die Aufästungsbeile[2]) (Taf. II, Fig. 10, 11). Das Handbeil (Fig. 10), zum Vorhauen der Aeste im Groben, bietet in seiner Construction keine wesentlichen Abweichungen von dem gewöhnlichen, überall in Gebrauch kommenden, kurzgestielten Handbeil, nur muß der gerade, 14" lange Stiel möglichst voll gearbeitet sein, damit er die Hand des Arbeiters genügend füllt. Ueber dessen Gebrauch ist bereits früher das Nöthige erwähnt.

Das Ballen- oder Nachglättungsbeil (Fig. 11) läuft in eine breite Klinge aus, deren Schneide an der äußersten Seite stark angeschliffen ist; der Stiel weicht nach der angeschliffenen Klingenseite hin, bei einer Länge von 12", um 2½" von der geraden Richtung ab, wie durch die Rückenansicht in Fig. 11b dargestellt ist.

---

1) Siehe den Dittmar'schen Catalog Nr. 33. Preis 3–4½ Thlr.

2) Diese Beile wurden hierorts bisher von tüchtigen Handwerkern angefertigt, man sieht jedoch bei Küfern, Stellmachern und Schreinern ähnliche Beile im Gebrauch, welche, aus Fabriken bezogen, bei anerkannt vorzüglicher Schneide viel billiger sind.

Dieses Beil wird, wie schon früher angedeutet, ausschließlich nur zum Nachglätten der roh abgehauenen, oder mit grobzähnigen Sägen abgeschnittenen Aeste benutzt, indem der Arbeiter dasselbe ganz kurz und am besten um den eisernen Rücken faßt und durch Stemmen oder Stoßen von unten nach oben, also mit der Holzfaser, die Astwunde von allen Unebenheiten oder Fasern befreit; selten, und wohl nur in solchen Fällen wird man gezwungen sein, das qu. Beil als Hauinstrument zu benutzen, wo größere Unebenheiten auf der Wunde zurückbleiben, oder wo umfangreiche Hiebflächen der Stammform entsprechend abzurunden sind. Vorsichtige Arbeiter, die darauf bedacht sind, durch wiederholtes Nachschärfen der Beile nicht unnöthige Zeit zu verlieren, wissen deren Schneide derart sehr sorgfältig zu conserviren, daß sie nur die untere Hälfte derselben zum Nachhauen von Splittern ꝛc. benutzen, das Geschäft des Stemmens und Stoßens aber lediglich mit der oberen ausführen.

8) Die Courval'sche Aufästungshippe[1]) Diese, nach dem Erfinder benannte und in Frankreich mehrfach zum Aufästen der Waldbäume in Gebrauch kommende Hippe empfiehlt man an manchen Orten an Stelle der Beile. Sie ist auf Taf. II, Fig. 12, durch Zeichnung erläutert und besteht aus einer gut verstählten, eisernen, in der Mitte verdickten, nach vorn scharf und nach dem Rücken stumpf auslaufenden Klinge mit hölzernem Handgriff und wiegt nicht über 3 Pfd. Obgleich ein von maßgebender Seite erfolgtes Urtheil sich ausschließlich zu Gunsten der Hippe ausspricht, aus Gründen, die alle Beachtung verdienen und das größte Mißtrauen gegen die früheren mißlungenen Versuche mit dem gedachten Instrument einflößen, so hört man von anderer Seite auch behaupten, daß dieser Hippe, bei genügend fester Stellung des Operateurs in kräftiger Hand allerdings der hin und wieder gerühmte sichere Hieb nicht ganz bestritten werden kann, daß jedoch beim Vorhauen der Aeste von unten her die Schwere derselben oft zum Nachtheile der Sicherheit sehr fühlbar wird, während das Geschäft des Nachglättens der Wunde mittelst derselben nichts zu wünschen übrig läßt, sobald beide Hände des Operateurs disponibel sind, was aber nicht jede Situation auf der Höhe des Baumes gestattet.

Uebung macht, wie überall, so auch hier den Meister und so verschafft sich vielleicht die Courval'sche Hippe da, wo das Aufästen mehr gepflegt wird, auch der Steinkohlentheer in Anwendung kommt, mit der Zeit mehr, vielleicht auch allgemeinen Eingang.

Bei dem Gebrauch derselben sind die Aeste, zur Vermeidung von nachtheiligen Splitterungen, erst bis zu $1/3$ ihrer Stärke einzukerben. Beim Nachglätten der Wunden wird sie mit beiden Händen schneidemesserartig gehandhabt, während öfteres Nachschleifen derselben mit einem guten Stein, den der Arbeiter stets bei sich zu führen hat, unbedingt erforderlich wird.

---

[1]) Die Fabrik von Gebr. Dittmar liefert dies Instrument für 2 Thlr. genau nach Vorschrift des Erfinders.

9) Das Kirchberger Stoßeisen nebst Gabel. (Taf. III, Fig. 13 u. 14) Das Stoßeisen, dessen Façon in der Zeichnung genau erläutert ist, hat zwei Schneiden, die obere bei a, die untere bei b, die stark angeschliffen sind, so daß die dadurch entstehende Verdickung vor der Schneide am Schaft des Baumes ruht, und Risse, sowie Splitterungen vermeiden soll. Der eiserne Stiel besteht aus zwei Theilen, die durch Schrauben an den beiden Seiten des Eisens befestigt werden, so daß das dadurch gebildete Oehr das Einstecken eines hölzernen Stiels gestattet. Ein eiserner, an einer Seite offener Ring vermittelt den Schluß der beiden Stieltheile und läßt sich durch die angebrachte Schraube verengen und erweitern, so daß Stiele von verschiedener Länge, je nach Bedürfniß, schnell gewechselt werden können.

Die Gabel (Fig. 14), welche zum Unterstützen etwa stärkerer Aeste dient, so daß dieselben nach dem Stamme zu gedrückt werden, um deren Abstoßen auf den gespannten Holztheilen zu erleichtern, die Schnittfläche offen zu halten, event. auch zu verhüten, daß die herabfallenden Aeste den Stößer beschädigen, besteht aus zwei nach innen mit Einschnitten versehenen Zinken, die nach unten in ebendasselbe Oehr auslaufen, als das Stoßeisen. Die hölzernen Stiele müssen von trockenem leichtem Holze und nur so stark sein, daß sie beim Gebrauche sich nicht biegen; jede unnöthige Schwere fördert die Ermüdung des Arbeiters.

Wie schon früher theilweise angedeutet, kommt das Stoßeisen beim Aufästen nur für solche jungen Eichen in Gebrauch, die dem Stoße desselben nicht nachgeben, die also schon mehr stämmig sind, wobei jedoch Aeste über 2" Durchmesser schon außer seinem Bereiche liegen, so daß der Wirkungskreis des Instruments, außer noch anderen Gründen, ein mehr beschränkter ist; dasselbe hat daher im Allgemeinen nur da Anklang gefunden, wo man es dazu benutzte, die Eiche von den drückenden Aesten beiständiger Holzarten zu befreien.

Zu der nicht ganz leichten und ermüdenden Arbeit können nur starke und gewandte Männer verwendet werden, von denen der eine das Stoßeisen, der andere die Gabel führt. Der erstere hat besonders darauf zu achten, daß er die richtige Entfernung vom Stamme trifft, in der der Stoß geführt werden muß; steht der Arbeiter zu nahe am Stamme, so läßt das Instrument einen nach oben spitz auslaufenden Aststummel zurück, der dann mit der unteren Schneide durch einen Ruck von oben her, was aber selten ohne Splittrungen abläuft, entfernt werden muß; steht der Arbeiter zu weit ab, so sind Rindenverletzungen, theils unterhalb, theils oberhalb der Astwunde unvermeidlich. Auch die Führung der Gabel fordert Aufmerksamkeit, um den angedrückten Ast im Moment des Abstoßens durch einen Ruck im Schwunge seitwärts zu werfen, damit er keinen der Arbeiter verletzt.

10) Die große Astsäge (Taf. III, Fig. 15), ausschließlich nur zum Abnehmen der stärkeren Aeste bestimmt, ist sehr grobzähnig, so daß deren rauhe Schnittfläche die Glättung mit dem Ballenbeil, der Courval'schen Hippe, oder einem sonstigen Nachglättungs-Instrumente unbedingt fordert.

Um die Astwunde möglichst nahe an den Schaft zu legen und der Stammrichtung entsprechend herzustellen, ist es vortheilhaft und zugleich für die Arbeit sehr fördernd, wenn das Blatt der Säge an beiden Enden in Wirbeln läuft, so daß ihm jede beliebige Stellung nach rechts oder links gegeben werden kann.

Nur da, wo man die Aestungen auch über 4—5" starke Aeste ausdehnt, ist diese Säge nicht gut entbehrlich, während im schwächeren Holze

11) Die kleine Astsäge[1]) (Taf. 3 Fig. 5) ausreichend ist und bei ähnlicher Construction, als die vorhergehende, schnell arbeitet und vermöge ihres sehr feinzähnigen Blattes eine faserfreie Schnittfläche liefert, so daß das Nachglätten derselben nicht unbedingt nöthig erscheint.

Um Risse und Splitterungen zu vermeiden, ist der abzutrennende Ast von unten her einzuschneiden, jedoch etwas abseits von der Astwulst, damit der nachherige von oben erfolgende Schnitt nicht von ersterem unterbrochen wird, wodurch nachtheilige und oft schwer zu beseitigende Unebenheiten entstehen.

12. Die Stangensäge[2]) (Taf. III. Fig. 17) gleicht der gewöhnlichen, vom Gärtner gebrauchten Handsäge; deren eiserner Griff läuft in eine Tülle, zum Zwecke des Einsteckens einer leichten, gut ausgetrockneten Stange, aus, um auf diese Weise schwächere Aestungen bis zu 12 und mehr Fuß Höhe vom Boden aus vornehmen zu können.

Diese Säge kann mit Recht als ein brauchbares Aufästungsinstrument bezeichnet werden; sie ermöglicht nicht nur das Entasten noch jüngerer Eichen, die das Besteigen mittelst Leitern nicht gestatten, sondern läßt sich auch im älteren Holze bei Aesten bis zu $2^1/_2$" Stärke gebrauchen.

Um das Einreißen etwa überhängender Aeste beim Herabbrechen zu vermeiden, gestattet die Stangensäge ebenfalls das Verschneiden von der dem Schnitt gegenüberliegenden Richtung her mit Leichtigkeit, sobald der Arbeiter sich nur erst etwas an das Instrument gewöhnt hat.

Man empfiehlt auch noch die auf einer Stange zu befestigende Stichsäge, wobei die Operation, nicht wie bei jener, durch den Bügel erschwert wird. Es hat sich jedoch herausgestellt, daß deren Leistungsfähigkeit eine nur sehr untergeordnete ist, weshalb ich das, zwar von der Dittmar'schen Fabrik empfohlene Instrument keiner weiteren Beachtung werth halte, wenigstens nicht für den ausgedehnteren Betrieb des Aufästens im Walde.

13) Zum Transport der Aufästungsinstrumente und um dieselben nach ihren verschiedenen Gebrauchszwecken auf der Höhe des Baumes stets zur Hand zu haben, empfiehlt es sich, einen Gurt von Hanf, oder besser von Leder, (Taf. III, Fig. 19) zum Umschnallen um den Leib anfertigen zu lassen, an dem zwei Oesen zum Einstecken der Beile und ein eiserner Haken zum

[1]) Dittmar'sche Catalog Nr. 37. Preis 1 Thlr. 8 Sgr.

[2]) Die Dittmar'sche Fabrik liefert neuerdings diese praktischen Stangensägen mit in Wirbeln laufendem, drehbarem Sägeblatt, wodurch das glatte und tadellose Abnehmen der Aeste begünstigt werden soll.

Anhängen der Sägen angebracht sind; wenn dieser Gurt nicht über $2^{1}/_{2}$" breit ist, so wird er dem Arbeiter durchaus nicht lästig und ist jedenfalls viel bequemer als ein hanfener Strick, den der Arbeiter sich sonst um den Leib bindet, um beim Besteigen des Baumes Beile und Sägen damit zu transportiren.

Es scheint mir noch von einigem Interesse zu sein, im Anschluß der verschiedenen Aufästungswerkzeuge zugleich

14) Die Steigapparate in Erwähnung zu bringen, welche man an Stelle der Leitern in manchen Gegenden und besonders, soweit dem Verfasser dies bekannt wurde, unter Anderm in Baierischeu, Thüringenschen und Märkischen Revieren, auch bereits seit einer Reihe von Jahren in mehreren Oberförstereien des Regierungsbezirkes Trier bei den verschiedenen Aufästungsarbeiten, auch wohl den Freistellungen, verwendete.

Man hat die fraglichen Instrumente bisher weniger bei regelrechten und besondere Sorgfalt bedingenden Aestungen von Eichen, oder zu Nutzholz heranzuziehenden Oberständern benutzt, sondern dieselben vorzugsweise beim Ausästen von zum Fällen bestimmten Stämmen, oder bei der Entfernung tief herabhängender und stark überschirmender Beastung von Schutz- und Samenbäumen in Lichtschlägen, zu Gunsten des darunter vorhandenen Unter- oder Beiwuchses, ohne Rücksicht auf besondere Schonung der betreffenden Individuen, in Anwendung gebracht. Die auf diesem Wege in der Praxis gemachten Erfahrungen liefern jedoch den Beweis, daß die Steigapparate, besonders für den gewandten und an deren Gebrauch gewöhnten Kletterer, auch für jene sorgsamen Aestungen, welche hier in Frage stehen, ihre Dienste zu leisten vermögen. Durch dieselben wird namentlich die oft mühsam zu transportirende Leiter unter manchen, wenn auch immer isolirt dastehenden Verhältnissen ersetzt, und zwar besonders in geschlossenen älteren Beständen, wo es sich darum handelt, Aeste oder einfaulende Stummel in sehr beträchtlicher Höhe der Hand des Operateurs nahe zu bringen.

Vicomte de Courval verwirft in seinem, schon früher citirten Werke über das Aufästen der Waldbäume jede Anwendung von Steigeisen, doch ist dabei in Betracht zu ziehen, daß der Autor ausschließlich nur im Oberholz des Mittelwaldes operirte und nur da seine langjährigen und uns werthvollen Erfahrungen sammelte, wo der fehlende Waldschluß die Eiche nicht zu jenem langschäftigen Nutzstamme heranzubilden vermochte, wie der Hochwald mit seinen passenden und gut gewählten Mischhölzern. Soll das Aesten hier aber bis in dasjenige Alter fortgesetzt werden, wo die Natur selbst, nöthigenfalls unter Mitwirkung von Baumsalben, noch eine schadlose Heilung der Wunden herbeizuführen vermag, so reicht die Leiter nicht mehr aus, und man muß seine Zuflucht zu Steigapparaten nehmen. Bei deren Anwendung ist nur zu erwägen, ob die Nachtheile, die jene durch die immer unvermeidlichen Verletzungen an der Rinde oder den änßeren Splinttheilen herbeiführen, durch die Vortheile des Aufästens aufgewogen werden. Wer aber die unzähligen, durch abtrocknende und einfaulende Stummel und Aeste gefährdeten und entwertheten Eichen geschlossener Hochwaldbestände betrachtet und die schädlichen Folgen kennen gelernt hat, die die Natur durch ihr Aesten ohne menschliche Hülfe herbeiführt, der wird sich der Steigeisen, ohne Besorgniß vor Stammverletzungen, gewiß bedienen.

Auch die Freistellungen bedingen da die Anwendung der Steigeisen, wo die kümmernde Eiche gegeu nachtheilige Ueberschirmung durch Aestungen in Schutz zu nehmen ist, und dies ist ein Grund mehr, auch hier diesen Werkzeugen einige Beachtung zu schenken.

Soweit mir jene Steigeisen, welche mit Stricken und Riemen an die Füße des Arbeiters befestigt werden, bekannt wurden, begegnet man solchen theils mit längeren, theils mit kürzeren Beinschienen, theils wieder mit einem, theils mit zwei Haken, welche beim Steigen in die Rinde, oder den äußeren Splint des Baumes eingreifen. Es haben sich jedoch nach angestellten mehrseitigen Versuchen diejenigen mit halblangen Schienen und einzinkigen Haken (Taf. IV. Fig. 20 u. 21) die meisten Freunde erworben.

Dieselben bestehen, wie überhaupt alle mir zu Gesicht gekommenen Steigapparate, ganz aus Schmiedeeisen mit verstähltem, etwas unter die Sohle (b. c.) herabreichenden Kletterhaken (a). Die innere Sohlenbreite richtet sich nach der des Fußes, da es als besonderes Erforderniß anerkannt ist, daß der Fuß möglichst genau, aber auch ohne sich zu zwängen, in das ihm angewiesene Lager paßt. Demnach unterscheidet man die Eisen als solche für große, mittelgroße und kleine Füße.

Die äußere in ein Oehr (d) endende Beinschiene ist 6 bis 8″ lang, so daß der durch ersteres und um das Bein geschlungene Riemen das Eisen zwischen Knöchel und Wade und der durch das Loch (e) und den Kletterhaken gewundene Strick dasselbe an den Fuß, event. dessen Bekleidung, befestigt.

Bei der Anlegung des Eisens (es wird bei den Operationen jeder Fuß mit einem solchen bekleidet), wie dies in Fig. 21 dargestellt ist, ist folgender Art zu verfahren: Der Arbeiter stellt das Eisen so vor sich hin, daß die Spitze (a) nach inwendig zeigt, und tritt mit dem entsprechenden Fuß so in das Sohlenlager, daß der Hacken des Schuhes oder Stiefels fest an demselben anliegt; demnächst wird der bei d durchgezogene Riemen zweimal um das Bein gewunden und derart fest zusammengeschnallt, daß er bei der Wechselstelle keinen Druck verursacht; dann erst ist der, vorher schon durch das Loch bei e um die Hackenkrümmung gezogene Strick nach Bequemlichkeit, etwa wie in der Zeichnung angedeutet, zu befestigen. Uebung und Erfahrung werden hierbei bald das richtige Verfahren lehren.

Als Anleitung für den Gebrauch der Steigeisen ist zunächst zu bemerken, daß die Füße beim Einstoßen der Kletterhaken in die Rinde nicht zu sehr auseinandergespreizt werden, wodurch dieselben auf Rechnung des Gleichgewichts des Oberkörpers zu weit nach vorn greifen und das Besteigen erschweren, so daß dem Arbeiter leicht das Vertrauen auf die Sicherheit der Apparate geraubt wird, wovon größtentheils die Leistungsfähigkeit desselben abhängt.

Bei schwächeren Stämmen leisten die Steigeisen nur mangelhafte Dienste, bringen auch mit Rücksicht darauf, daß sie die noch weniger verhärtete Rinde, sammt der naheliegenden Bastschicht, oft stark verletzen, manche Nachtheile, während Bäume mittleren Kalibers, die ganz oder annähernd noch mit den Armen zu umspannen sind, bei einiger Gewandtheit schnell und sicher damit erstiegen wurden. Ganz starke Stämme, wie sie aber wohl selten in den Bereich der Aestungen in dem hier besprochenen Sinne fallen, werden solches nur mittelst eines Strickes gestatten. Diesen wirft der Arbeiter um den Schaft, wickelt sich beide Enden einige Mal um die Hände und sichert sich so gegen das Hintenüberfallen, indem er beim Hinaufheben des Körpers den Strick stufenweise nach oben vorschiebt.

Diese seiltänzerähnlichen Künste werden jedoch nicht immer bei dem harmlosen Waldarbeiter Anklang finden, wenn nicht schon längere Uebung vorhanden ist, mindestens aber mehr Zeit erfordern, als das Nachtragen von Steigleitern.

Beim Abästen selbst faßt der Arbeiter, wo ein sonst günstiger Stützpunkt fehlt, die beiden Enden des Strickes mit der einen Hand, während die andere die Instrumente, die der zuvor beschriebene Leibgurt sicher und bequem transportirt, frei handhabt. Sehr geübte Kletterer binden sich bei sehr unbequemer und gefährlicher Stellung während der Operation auch wohl den Strick um Baum und Leib, um so beide Hände zeitweise disponibel zu haben.

An manchen Orten hat man auch den ganz kurzen Steigeisen, bei denen die äußeren Beinschienen nicht über das Knöchelgelenk hinaus reichen, eine besondere Vorliebe abgewonnen. So verwerfen die bis zur vollendetsten Virtuosität des Kletterns gelangten Holzhauer im Haardtgebirge (Rheinbayern), welche in der Königl. Oberförsterei Neunkirchen oft Arbeit suchen und mit den kurzen Eisen Außerordentliches leisten, jede Art von längeren Schienen, während man im Saarbrücken'schen, wo die Holzhauer im Steigen weit weniger leisten sollen, wieder etwas längere Schienen vorzieht, zugleich aber ganz lange, bis an das Knie hinaufreichende Schienen (Fig. 22) nicht benutzt, weil sie den Beinen leicht unbequem werden, deren Bewegung, sowie überhaupt das willkürliche Drehen und Wenden des Knies und überhaupt des ganzen Oberkörpers hindern. Ebenso wird das in der Hakenkrümmung zum Durchziehen des Strickes angebrachte Loch (f) der Haltbarkeit des Eisens leicht gefährlich, weßhalb man sich mehr für die Befestigungsart nach Fig. 21 entscheidet. Die Befestigung des oberen Riemens (siehe Fig. 22a) wird aber von Praktikern für zweckmäßiger als die bisherige, in Fig. 20 u. 21, gehalten, da sie das Verschieben und Rutschen der Beinschiene unmöglich macht.

Die meisten Abweichungen erleiden die Steigeisen an den zum Einstämmen in den Baum bestimmten Kletterhaken, weßhalb es nöthig erscheint, Einiges über die gebräuchlichen Formen derselben, als einen der wichtigsten Momente für die Brauchbarkeit der Eisen, noch zu erwähnen.

In Fig. 20 und 21 geht die Spitze (a) etwas unter die Sohle herab und nähert sich am stärksten dem Fuße. Dies hat die meisten Ansichten für sich, indem hier der Fuß weniger schwankt, weil der Stützpunkt a näher gerückt und zugleich mehr unter die Sohle gebracht wird. Durch die in der Verlängerung der Sohle abschneidende, auch weiter abgerückte Spitze in Fig. 22 gehen die für das Eisen in Fig. 20 u. 21 angedeuteten Vortheile verloren, während man andererseits das Steigen des Arbeiters von Ast zu Ast und selbst das Gehen auf dem Boden von Baum zu Baum, wo die nicht herabragende Spitze das wagerechte Auftreten des Fußes gestattet, begünstigt.

Durch die Construction nach Fig. 23, mit nach außen geschweifter aber wieder unter die Sohle herabreichender Spitze, will man die Kraftanwendung beim Einstoßen in den Baum vermeiden, also dasselbe dem Kletterer leichter machen, welcher Zweck, wie die Praxis bewiesen, auch erreicht wird. Ebenso machen sich aber auch die Nachtheile fühlbar, daß die Spitze leicht verbogen und der Stützpunkt zu weit abgerückt wird, so daß das schon erwähnte Schwanken des weit vom Baume abstehenden Fußes noch erhöht und ein Anlehnen des Knies erschwert wird, was das Gleichgewicht, die Sicherheit und volle Kraftäußerung des Steigers in Frage stellt.

Bei dem Steigeisen, analog Fig. 24, wie solches besonders im Berliner Thiergarten im Gebrauch sein soll, hat man diesen eben angeführten Uebelständen vorgebeugt, indem man den Stützpunkt mehr unter die Sohle rückte, dadurch aber die Sicherheit der Stellung des Arbeiters auf den Aesten gefährdet werden dürfte. Von den Eisen mit zweispitzigen Kletterhaken ist das in Fig. 25 in einigen Oberförstereien in Gebrauch gekommen, dasselbe wird jedoch in seiner speziellen Anwendung für die Eiche als unzweckmäßig bezeichnet, weil es in deren rissige Rinde nicht tief genug eingreift und dadurch oft das Ausgleiten der einen oder anderen Spitze, besonders bei horizontaler Wendung des Fußes, veranlaßt. Mehr Beifall haben die diesem Steigeisen beigegebenen Gamaschen gefunden, welche, wie gewöhnliche Gamaschen, die ärmliche Kleidung des Holzhauers zweckmäßig ergänzen und vor Kälte, oder dem Druck des Eisens schützen, so daß sich dieselben für alle Arten von Steigeisen besonders empfehlen.

In Fig. 26 ist das in der Tucheler Heide gebräuchliche zweispitzige Eisen dargestellt, dessen gerade, etwas seitwärts stehende Spitzen etwa 1″ lang sind, während die unter der Sohle beiderseits angebrachten 6 kleinen Zähne dazu dienen, den Stand auf den Aesten oder in deren Axeln mehr zu sichern. Geschickte Kletterer bedienen sich beim Steigen des zuvor schon erwähnten Strickes, oder einer langen, mit einem eisernen Haken versehenen Stange, die über einen Ast gehängt und, mittelst einer Wiede am Schaft befestigt, das Geschäft des Steigens ungemein fördern soll. —

Schließlich möge hier noch einiger Kampgeräthe Erwähnung geschehen, die ihrer guten Gebrauchsfähigkeit halber zur Beachtung empfohlen werden.

15. Die Pflanzenkelle[1]) (Taf. IV. Fig. 27) kommt besonders beim Umlegen einjähriger Eichen, an Stelle des schon betreffenden Ortes dazu empfohlenen v. Buttlar'schen Eisens in Gebrauch und ersetzt, selbst beim Umschulen schon älterer Eichen, vortheilhaft jedes andere Instrument, wie etwa den Spaten oder die Haue, indem sich mit derselben, bei beabsichtigter reihenweiser enger Pflanzenstellung, bequem an der ausgespannten Leine oder zuvor erwähnten Latte entlang Rillen, oder, bei weiterem Pflanzenverbande, entsprechende Pflanzlöcher answerfen lassen.

Diese Kelle besteht aus starkem Eisenblech, woran der eiserne Stiel mit Holzgriff durch Niethen befestigt ist.

16. Der Müller'sche Spaten[2]) (Taf. IV. Fig. 28), hat sich zum Ausheben sowohl jüngerer als älterer Eichen in Kämpen gut bewährt. Derselbe ist, mit Ausnahme der am besten von gut ausgetrocknetem Eichenholz hergestellten Handhabe, ganz von Eisen und beträgt die obere Spatenbreite 7", die untere 4½" bei 8½" Länge; der circa 18" lange eiserne Stiel läuft nach oben gabelförmig (siehe Fig. 28b) aus, um mit Schraubenmuttern in der entsprechend mit Löchern versehenen Handhabe gut befestigt werden zu können.

Beim Gebrauch wird dieser Spaten senkrecht in angemessener Entfernung neben der auszuhebenden Pflanze mittelst eines oder mehrerer Stöße in den Boden gestoßen, dann hebelartig gegen die Wurzel gedrängt, indem sich der Arbeiter im schiefen Winkel gegen die Handhabe stämmt, auch nöthigenfalls die ganze Körperlast dagegen lehnt, während ein Gehülfe die Pflanze über dem Wurzelknoten faßt und sie unter besonderer Schonung der feinen Saugwurzeln aushebt.

Der gewöhnliche, überall bekannte Spaten, wie er zum Umgraben verwendet wird, ist nicht brauchbar zum Ausheben der Eichen, da er zu leicht ist und keine große Kraftäußerung gestattet, während die Haue oder Hacke Wurzelverletzungen unvermeidlich macht.

Auch das an vielen Orten bekannte Burkhardt'sche Rodeeisen, welches beim Ausheben von Heisterwildlingen in natürlichen Schonungen, im Gebirgsboden so vortreffliche Dienste leistet, wird nach den Erfahrungen in Pflanzkämpen durch den Müller'schen Spaten ersetzt, während jenes bei der Kämpwirthschaft schon wegen seiner übermäßigen Schwere zu den verschiedenen Verrichtungen auf rioltem Boden nicht praktisch erscheint.

---

[1]) Siehe Nr. 81 des Dittmarschen Catalogs. Preis 12 Sgr.

[2]) Dieser nach der Idee des Herrn Communal-Oberförsters Müller zu Daun für 1 Thlr. 15 Sgr. angefertigte Spaten wiegt 6½ Pfund.

Buchdruckerei von Gustav Lange (Otto Lange) in Berlin, Friedrichsstraße 103.

Berichtigungen,

wobei jedoch kleinere Fehler unbeachtet bleiben.

Seite 1	Zeile 13	von oben:	statt hemmemd	lies	hemmend.
" 2	" 11	" unten:	" Halzarten	"	Holzarten.
" 3	" 17	" oben:	" finden	"	findet.
" 8	" 16	" unten:	" Ausschlagthätigkeit	"	Ausschlagsfähigkeit.
" 8	" 1	" unten:	" meines Wissens nach	"	nach meinem Wissen.
" 11	" 20	" oben:	" dern	"	den.
" 12	" 16	" unten:	" irdschen	"	irdischen.
" 13	" 15	" oben:	" allen	"	allein.
" 21	" 3	" unten:	" Buttler	"	Buttlar.
" 29	" 12	" oben:	" lehen	"	lehnen.
" 30	" 19	" unten:	" Privalt	"	Privat
" 32	" 1	" unten:	" Winden	"	Wieden.
" 45	" 4	" unten:	" eine	"	einer.
" 93	" 21	" oben:	" hrn	"	ihrn.
" 111	" 8	" unten:	" verdammender	"	verdämmender

Additional information of this book

(Die Pflege der Eiche;978-3-642-51296-4) is provided:

http://Extras.Springer.com